中国科普作家协会国防科普委员会推荐图书

国之重器

舰船科普丛书

中国船舶及海洋工程设计研究院
上海市船舶与海洋工程学会
上海交通大学

主编

驱逐舰

洪亮 任毅

编著

上海科学技术出版社

图书在版编目(CIP)数据

驱逐舰 / 中国船舶及海洋工程设计研究院，上海市船舶与海洋工程学会，上海交通大学主编；洪亮，任毅编著. —上海：上海科学技术出版社, 2019.8（2023.6重印）
（国之重器：舰船科普丛书）
ISBN 978-7-5478-4524-0

Ⅰ.①驱… Ⅱ.①中… ②上… ③上… ④洪… ⑤任… Ⅲ.①驱逐舰-青少年读物 Ⅳ.①E925.64-49

中国版本图书馆CIP数据核字 (2019) 第151587号

 舰船科普丛书

驱逐舰

中国船舶及海洋工程设计研究院
上海市船舶与海洋工程学会　**主编**
上海交通大学

洪亮 任毅 **编著**

上海世纪出版（集团）有限公司 出版、发行
上海科学技术出版社
(上海市闵行区号景路159弄A座9F-10F)
邮政编码201101　www.sstp.cn
上海盛通时代印刷有限公司印刷
开本 787×1092 1/16 印张 12.5
字数 250千字
2019年9月第1版　2023年6月第4次印刷
ISBN 978-7-5478-4524-0/N·178
定价：68.00元

本书如有缺页、错装或坏损等严重质量问题，请向印刷厂联系调换

内容提要

驱逐舰是一种装备有多种武器，具有防空、反潜、对海作战等多种用途的军舰，是现代海军舰艇中用途最广的大中型舰艇，是名副其实的"海上多面手"。

本书用通俗易懂的语言，以图文并茂的方式，向广大读者介绍了驱逐舰百年来的发展过程、驱逐舰的使命任务和作战特点、中国驱逐舰由弱到强的发展历程、世界主要国家主力驱逐舰、未来驱逐舰的发展趋势等内容。

希望通过本书为广大读者打开一扇通往驱逐舰乃至深蓝海军的大门，启发青少年读者的兴趣，树立国防意识，积极投身到现代化国防事业中。

国之重器——舰船科普丛书

编委会

- **主 任**

  邢文华

- **副主任**

  黄 震　卢 霖　林 鸥　盛纪纲　胡敬东
  韩 华　张 毅

- **委 员**

  陈 刚　沈伟平　姜为民　李小平　黄 蔚
  赵洪武　王 洁　冯学宝　王 磊　张莉芬
  张达勋　张 超　景宝金　吴伟俊　倪明杰
  许 刚　孟宪海　王文凯　韩 龙　余继亮

国之重器——舰船科普丛书
专家委员会

■ 主 任
曾恒一　潘镜芙

■ 副主任
韩　华　郑茂礼　郑　晖　杨德昌　田小川

■ 委 员
王佩宏　张照华　郭彦良　张关根　杨葆和
俞宝均　张文德　张福民　涂仁波　毛献群
张祥瑞　马　涛　吴正廉　徐寿钦　陈德耀
张仲根　戴自昶　张　帆　罗杏春　马炳才
刘厚恕　张太佶　张富明　李志刚　李新仲
谢　彬　王建方　李刚强　吴　刚　徐　萍
王彩莲　张海瑛　仲伟东　于再红　丁伟康

国之重器——舰船科普丛书
编辑部

- **主　编**

　张　毅

- **编写人员（以姓氏笔画为序）**

　于再红　卫琛喻　王　庆　王　建　王　莉
　王建方　韦　强　曲宁宁　任　毅　刘积骅
　祁　斌　牟朝纲　牟蕾频　杨　添　李　成
　李刚强　李招凤　吴贻欣　邱伟强　张宗科
　张富明　林伍雄　范永鹏　尚亚杰　尚保国
　罗杏春　单铁兵　赵吉庆　段雪琼　俞　赟
　施　璟　洪　亮　姚　亮　贺慧琼　秦　硕
　徐春阳　唐　尧　陶新华　黄小燕　曹大秋
　曹才轶　曹永恒　梁东伟　韩　龙　虞民毅
　魏跃峰

总 序

　　海洋之美，浩瀚、静谧、神秘。人类生存的地球表面71%覆盖着海洋，陆地被海洋包围着，仿若不沉之"舟"。

　　中华人民共和国，既是一个拥有960万平方千米陆地疆域的陆地大国，也是一个东部和南部大陆海岸线约1.8万千米、内海和边海的水域面积约470万平方千米、海域分布有大小岛屿7 600多个的海洋大国。提高海洋资源开发能力、发展海洋经济、保护海洋生态环境、坚持维护国家海洋权益、建设海洋强国，事关国家安全和长远发展，也对实现中华民族伟大复兴的中国梦具有十分重要的战略意义。

　　工欲善其事，必先利其器。经略海洋，装备当先。只有拥有强大的海洋装备作支撑，才能形成强大的海上力量，才能保障安全可靠的海上能源和贸易通道，才能拥有海洋权益的话语权。能犁开万顷碧波的舰船，正是建设海洋强国的"国之重器"。

　　经过几代中国舰船人的努力，我们取得了骄人的成绩。第一艘航母已交接入列，第二艘航母又下水海试；新型弹道导弹核潜艇受到世界各国的关注；"滨州"号护卫舰、"昆仑山"号船坞登陆舰等在亚丁湾为过往船舶保驾护航；"临沂"号护卫舰参与也门撤侨，彰显大国担当；"和平方舟"号医院船多次赴海外开展医疗服务和救灾援助；自主设计制造的20 000箱超大型集装箱船助力中欧航线的运输；"天鲲"号绞吸挖泥船向世界展示什么叫作历练终成金；"雪龙2"号科考船即将承载起极地探索的使命……

　　这一个个令人振奋的消息背后，是"国之重器"建设大军只争朝夕、锐意进取、拼搏奋斗、攻坚克难的身影。"功以才成，业由才广"，世上一切事物中人是最宝贵的，一切创新成果都是人做出来的。硬实力、软实力，归根到底要靠人才实力。科技发展史证明：谁拥有了一流创新人才、拥有了一流科学家，谁就能在科技创新中占据优势。

　　在中国建设海洋强国的道路上，"国之重器"建设大军的每一个岗位都必须后继有

人,有人传承,有人接班!

少年强则中国强。为增强青少年的海洋和国防意识,普及舰船和海洋工程科学知识,我们编撰了一部以青少年为主要对象、面向公众的科普读物"国之重器——舰船科普丛书"(简称"丛书")。丛书以舰船为主线,全面展现新中国成立近70年以来,自主研制国之重器的艰难历程及取得的辉煌成就,使广大青少年从中汲取知识、增长才干、坚定信念、强化担当。

这套丛书共20分册,涵盖海洋防卫、海洋运输、海洋科考、海洋开发等方面,包括:海上霸主——航空母舰、深海巨鲨——潜艇、海上科学城——航天测量船、探究海洋奥秘的科学考察船、造船工业皇冠上的明珠——液化气运输船、海上巨无霸——集装箱船、超大型油船、造岛神器——大型挖泥船、海上石油城——钻井平台等。

丛书由从事舰船和海洋工程科研、设计、建造的100余位专家、技术骨干和青年科技工作者执笔,并经30余位专家审阅,历时2年编写而成。

当代青少年和公众涉猎面广,超前意识和多维立体思维能力强,具有令人刮目相看的理解能力。丛书撰写者充分考虑到青少年和公众读者的阅读要求,量身定制、兼收并蓄,将舰船知识图谱化,采用重点讲解、型号示例等方法,使专业知识通俗易懂,增强了丛书的可读性。

博览众采,传承知识。丛书通过科学的体例设置,涵盖军用舰船、民用船舶和海工装备的相关知识,体系庞大而有序,知识通俗而有内涵,突出展现了丛书内容的鲜明特色,使广大青少年读者一书在手,舰船在胸。

——图谱化的舰船知识。丛书坚持知识性与趣味性相结合,以图文并茂的形式对一些典型舰船进行集中讲解,以便让读者掌握舰船的特点。

——通俗化的专业知识。丛书坚持专业性与通俗性的有机结合,用朴实的篇章构建舰船知识链,用易懂的语言精准描述舰船的工作原理、性能特点。

——人文化的历史知识。丛书追溯舰船诞生的起点,展望舰船发展的未来,彰显舰

船历史的人文特色，描绘出一幅幅人类设计建造舰船、塑造海洋文明的生动画卷。

拓展视野，启迪心智。 丛书以舰船为载体，为广大青少年读者打开了世界舰船知识之门、中国舰船科技之窗，让读者驾驶生命之船，扬起思想风帆。

—— 认清大势，强化理念。丛书以舰船为媒，引导读者正确认识世界和中国。半个多世纪风雨兼程，中国船舶装备在变，舰船航迹在变，唯有"国之重器"建设者们"忠于党、忠于人民、忠于国家"的初心不改，信仰不变，继续弘扬突破自我、敢为人先的工匠精神，锲而不舍，发愤图强，国家利益所至，科技创新必达！

—— 明确主题，播种梦想。丛书以中国舰船制造励精图治、自力更生、发奋图强、勇创辉煌的历史红线，为每个青少年播种梦想、点燃梦想，让更多青少年敢于有梦、勇于追梦、勤于圆梦。

激扬青春，陶冶情操。 理想指引人生方向，信念决定事业成败。丛书倾诉舰船昨天之历史故事，弹奏舰船今天之恢弘篇章，高歌舰船明日之瑰丽远景。

—— 弘扬爱国主义精神。丛书立足民族、面向世界，旨在激发广大读者的爱国情怀；以科学的视角，生动介绍了新中国成立以来我国舰船及海洋工程研制所取得的成就，讲述一代又一代科技人员怀着深厚的爱国情怀，为中国舰船事业发展所作的贡献。

—— 倡导奋进创新思想。丛书用世界舰船的历史史实启发读者认知：创新是民族进步的灵魂，是一个国家兴旺发达的不竭源泉。广大青少年读者应敢为人先，勇于解放思想、与时俱进，敢于上下求索、开拓进取，树立雄心壮志，努力超越前人。

—— 激励艰苦奋斗精神。丛书用中国舰船的历史史实引领读者感悟，我们的国家、我们的民族，从积贫积弱一步一步走到今天的繁荣富强，靠的就是一代又一代人的顽强拼搏，靠的就是中华民族自强不息的奋斗精神。

2016年5月30日，习近平总书记在全国科技创新大会、两院院士大会、中国科协第九次全国代表大会上的讲话指出：科技创新、科学普及是实现创新发展的两翼，要把科学普及放在与科技创新同等重要的位置。希望广大科技工作者以提高全民科学素质为己任，在

全社会推动形成讲科学、爱科学、学科学、用科学的良好氛围，使蕴藏在亿万人民中间的创新智慧充分释放、创新力量充分涌流。"国之重器——舰船科普丛书"正是习近平新时代中国特色社会主义思想的生动实践。

愿："国之重器——舰船科普丛书"构建一座智慧的熔炉，锻造中国青少年威武铁甲！

愿："国之重器——舰船科普丛书"筑起一个知识的平台，助力中国青少年纵横海疆！

愿："国之重器——舰船科普丛书"插上一双理想的翅膀，引领中国青少年翱翔海天！

曾恒一 潘镜芙

中国工程院院士

2018年8月

前言

  驱逐舰，英文名destroyer，意即"摧毁者"。舰如其名，无论是空中的飞机、导弹，还是水下的鱼雷、潜艇，驱逐舰承担着摧毁海上一切有威胁目标的使命任务，可以说是各国海上武装力量的"顶梁柱"，是当之无愧的国之重器。

  驱逐舰诞生于19世纪末，是一种具有防空、反潜、对海作战等多种用途的军舰。在现代海战中，装备有多种武器的驱逐舰，既可强攻——担任海军舰船编队中进攻性的突击任务，又能固守——承担作战编队的防空、反潜护卫任务，还可支援——在登陆、反登陆作战中担任支援兵力，可谓是"全能型"的"海上多面手"。当然，和平时期的驱逐舰也是用途广泛，既可执行巡逻、警戒、侦察、海上封锁和海上救援任务，还能提供舰载直升机及舰载无人机的起飞与降落的保障等。可以说驱逐舰已经成为现代海军用途最广的大中型舰船。

  具有广泛作战使命的驱逐舰毋庸置疑在各海军大国中均占有重要的主力战舰地位。人民海军自20世纪70年代中期自行研制的第一代驱逐舰问世以来，就开始了"走向蓝海"的进程。现在人民海军编队的航迹遍布世界，不但已实现常态化的亚丁湾护航，还屡屡和各国进行海上联合军演，尽显大国风采。而开展这些行动的领航者，几乎都是我人民海军的精锐兵力——驱逐舰。

  本书力求用通俗易懂的语言，以图文并茂的方式，形象直观地向读者展现驱逐舰百年来的发展历程，介绍驱逐舰的使命任务，阐述它的作战特点，重点讲述我国驱逐舰从自主研发的第一代旅大级驱逐舰到可以与国际先进水平同台竞技的大型驱逐舰这半个多世纪艰苦奋斗、自力更生的发展史，同时介绍目前世界主要国家主力驱逐舰，

并对未来驱逐舰相关科技的发展趋势和应用前景进行了展望。希望通过本书为广大读者打开一扇通往驱逐舰这个"海上多面手"的大门，启发青少年读者的兴趣，树立国防意识。

作 者

2019年7月

舰船科普丛书

目 录

第1章
海上多面手——驱逐舰 / 1

驱逐舰的定义和发展 / 2

驱逐舰的使命任务 / 10

第2章
现代驱逐舰的外观特征与基本性能 / 21

外观特征 / 22

基本性能 / 27

第3章
驱逐舰的系统特性 / 37

驱逐舰的系统组成 / 38

平台系统特性 / 39

作战系统特性 / 55

第 4 章
驱逐舰的作战适用性 / 67

魅影迷踪——隐身性 / 68

各司其职——兼容性 / 74

安全可靠——保障性 / 76

第 5 章
中国驱逐舰的发展历程 / 79

艰难起步——中华人民共和国成立初期的"四大金刚" / 80

自主研制——第一代驱逐舰 / 86

奋起直追——第二代驱逐舰 / 94

跻身主流——第三代驱逐舰 / 108

世界先进——第四代驱逐舰 / 124

扬帆四海,利剑出鞘——驰骋海疆的中国驱逐舰 / 130

默默耕耘,无私奉献——致敬为建设驱逐舰而不懈奋斗的人们 / 142

第6章
国外驱逐舰的发展 / 145

美国驱逐舰 / 146

俄罗斯驱逐舰 / 159

英国驱逐舰 / 164

法国、意大利驱逐舰 / 167

日本驱逐舰 / 168

韩国驱逐舰 / 170

印度驱逐舰 / 170

第7章
驱逐舰未来的发展 / 173

综合电力推进 / 174

射频综合集成 / 175

模块化集成 / 176

通用垂直发射装置 / 177

高能武器 / 178

参考文献 / 180

后记 / 182

第1章
海上多面手
——驱逐舰

有这么一种军舰,它没有航空母舰(简称"航母")那样雷霆万钧的大块头,没有潜艇那样神出鬼没的威慑力,更没有各式小艇闪电般的速度,但是它装备了最全的武器装备和电子设备,承担了各式各样的使命任务。它的身影频频出现在海上各类军事和非军事的行动中,是名副其实的"海上多面手",它就是驱逐舰。下面就一起来看一看,什么是驱逐舰,驱逐舰又承担了哪些使命任务。

驱逐舰的定义和发展

> 图1　海上多面手——驱逐舰

第1章 海上多面手——驱逐舰

驱逐舰是一种多用途的军舰，是装备有防空、反潜、对海等多种武器于一体的军舰，既能承担进攻性的突击任务，又可执行防空、反潜等护卫任务，同时还可兼顾巡逻、警戒、侦察、海上封锁和海上救援等各类任务。

但最早的驱逐舰可没这么厉害，当时它还只是一个主要用于对付鱼雷艇的小家伙。那么它是如何从一只"江湖菜鸟"一路演变成"武林高手"的呢？这一切还要从人类最早期的海上冲突说起。

现代驱逐舰雏形

回顾人类最早期的海上冲突，形式非常简单粗暴，那就是两船互相冲撞、双方人员用冷兵器互相格斗。到16世纪，随着火炮和帆船的出现，使海战拉开了距离，交战的双方以火炮作为主要武器相互射击。到18世纪末，频繁的海上战斗促成了各种不同大小排水量以及各类火力配置的舰船。19世纪70年代，鱼雷武器在欧洲列强海军中出现，人们可以从鱼雷艇或潜艇上发射鱼雷，以攻击潜艇及水面舰船。

针对这个新威胁，英国于1893年建成了一艘"哈沃克"号军舰。该军舰设计航速26节（1节＝1.852千米/时），装有1门口径为76毫米的舰炮和3门口径为47毫米的舰炮，能在海上迅速捕捉敌方鱼雷艇；同时，该军舰还携带1具三联装450毫米鱼雷发射管，用于攻击敌方大型舰船。由于该军舰使用鱼雷为主要的攻击武器，所以被称为"雷击舰"（torpedo attack ship），这就是现代驱逐舰的雏形。

自现代驱逐舰的雏形——"哈沃克"号雷击舰诞生以来，较重型的火炮和更大口径的鱼雷管被安装在驱逐舰上。另外，随着海上冲突的不断变换，更多类型及用途的驱逐舰随即诞生并逐步进入了各国海军服役。

> 图2　1805年特拉法尔加海战中相互冲撞的英法军舰

> 图3　现代驱逐舰的雏形——英国"哈沃克"号（HMS Havock）雷击舰

远洋护航驱逐舰

20世纪初,驱逐舰开始使用燃油作为燃料,犹如一个孩童,经过了蹒跚学步的阶段,航速不断提高,作战区域范围也不断扩大,出现了可伴随主力舰队进行远洋行动的舰队型驱逐舰,如英国江河级驱逐舰和部族级驱逐舰。

反潜驱逐舰

第一次世界大战(简称"一战")时,各国大量使用潜艇进行战斗,用于打击敌方水面舰船和封锁海上交通线。为了应对潜艇这个海上威胁,各国为驱逐舰配备深水炸弹,反潜能力大幅增强,逐渐出现了大批用于反潜作战的反潜驱逐舰,其中最

> 图4 英国部族级驱逐舰

第1章　海上多面手——驱逐舰

具代表性的是英国狩猎级驱逐舰。

驱逐舰编队

经历了两次世界大战，驱逐舰得到了长足的发展，排水量、航速、续航力、作战能力的大幅度提升进一步丰富了驱逐舰的使命任务，驱逐舰成为用途最广泛的战斗舰船，出现了驱逐舰编队，可以进行远洋机动作战。各国也开始大批量建造驱逐舰，如美国弗莱彻级驱逐舰共建造了175艘。

> 图5　英国狩猎级驱逐舰

> 图6　美国弗莱彻级驱逐舰

 **小 贴 士**

驱逐舰首次参与的大规模海战

1914年，英国、德国两国海军发生了赫尔戈兰湾海战，两军的驱逐舰都作为主力舰队的护航舰船承担着护航任务。在日德兰海战中，双方驱逐舰以中队为单位投入战场，散布在广袤的大洋上，辛勤地执行着舰队护航、侦察、鱼雷攻击和救助落水水兵等任务。

防空驱逐舰

随着飞机成为重要的海上突击力量，驱逐舰装备了大量中、小口径高射炮，承担起舰队防空警戒和雷达哨舰的任务，于是加强防空火力的驱逐舰出现了，例如日本秋月级驱逐舰、英国战斗级驱逐舰。

> 图7 日本秋月级驱逐舰

> 图9 美国亚当斯级驱逐舰

> 图10 英国郡级驱逐舰

> 图8 英国战斗级驱逐舰

多用途导弹驱逐舰

随着导弹的出现与装舰的成熟，驱逐

第1章 海上多面手——驱逐舰

> 图11 苏联卡辛级驱逐舰

舰上装备的主要武器由舰炮让位于导弹，通过携带不同类型的导弹来执行不同任务的多用途导弹驱逐舰逐渐形成。为了控制导弹武器以及无线电对抗，驱逐舰安装了越来越多的电子设备，例如美国亚当斯级驱逐舰、英国郡级驱逐舰、苏联卡辛级驱逐舰。

 **大型驱逐舰**

20世纪60年代起，各国驱逐舰的排水量不断变大，几乎和第二次世界大战（简称"二战"）时的轻巡洋舰不相上下。随着飞机与潜艇性能提升以及导弹逐步应用，使得造价昂贵的大型导弹巡洋舰的性价比大大降低，而成本相对较低的驱逐舰开始渐成主力。如美国驱逐舰排水量从基林级的2 500多吨迅速扩大到斯普鲁恩斯级的6 000吨。

进入20世纪70年代后，随着作战信息控制以及指挥自动化系统、灵活配置的导弹垂直发射装置、用来防御反舰导弹的

> 图12 美国斯普鲁恩斯级驱逐舰

小口径速射炮等武器和设备开始出现在驱逐舰上,这使得驱逐舰变得更加复杂,为此驱逐舰继续向大型化发展。

 具有旗舰级指挥能力的驱逐舰

20世纪80年代后,驱逐舰的武器装备和任务也发生了巨大变化,引入了能进行自动化指挥和控制的系统,使舰员大大减少,反应速度和战区协调指挥能力大大提高,使驱逐舰第一次具备了以

往只有大型战舰才具备的旗舰级战区协同指挥能力。

凭借强大的预警、通联功能,驱逐舰具备了摆脱巡洋舰、航母进行独立战区控制的能力。自此,驱逐舰脱离了以往辅助的角色,真正成为能够独当一面组织指挥战斗的主战舰艇。其中最具代表性的是20世纪90年代美国建造的具有区域防空能力的阿利·伯克级驱逐舰,其他国家也陆续建造了一大批各具特色的现代驱逐舰。

> 图13 美国阿利·伯克级驱逐舰

巡洋舰

巡洋舰是一种火力强、用途多、主要在远洋活动的大型水面舰艇,其装备有较强的进攻和防御性武器,具有较高的航速和适航性,能在恶劣气候条件下长时间进行远洋作战。巡洋舰在两次大战中发挥过重要作用,美国、英国和德国、日本都拥有一批巡洋舰作为水面舰船的主力。巡洋舰除了排水量大、火炮武器数量较多以外,当时所具有的另一个内在特征就是它的装甲防护强。在大舰巨炮理念为主流的时代,巡洋舰厚重的装甲使其成为海上强大的移动堡垒。但是,在两次大战后,随着导弹取代舰炮成为现代水面舰艇最主要的进攻武器,厚厚的装甲在防御导弹打击上几乎没有什么作用而显得十分累赘。随着驱逐舰的大型化,巡洋舰和现代驱逐舰在作战手段和形式上已经没太大的本质不同。目前,只有美国、俄罗斯还有现役的巡洋舰,即美国的22艘提康德罗加级巡洋舰,俄罗斯的1艘基洛夫级巡洋舰和3艘光荣级巡洋舰,其他国家的都已陆续退役并不再建造了,而驱逐舰的建造,则表现出越来越猛的势头。

驱逐舰的使命任务

驱逐舰之所以被称为海上多面手的最集中体现,就是能承担多种多样的任务,可以说是水面舰艇中的"全能战士"。由于战略目标、海洋环境以及所面临的威胁各有差异,不同驱逐舰所承担的使命任务也有所不同,但通常来说,驱逐舰能"扮演"以下几种"角色"。

 **航母编队主要的护航兵力**

一般来说,一个航母编队包含有航母、驱逐舰、护卫舰等各式各样的舰船。如果航母是"国王",那么驱逐舰在编队中就是国王身边忠诚的"御林侍

> 图14 前进中的美国航母编队

第1章 海上多面手——驱逐舰

> 图15 中国"辽宁"号航母编队

卫",既可以配合航母完成各项作战任务,又可以执行防空、反潜、反舰作战来抵御海上各种威胁目标对航母编队的攻击。

2013年11月,在以我国第一艘航母"辽宁"号为核心的远洋航行编队中就包含了2艘旅洲级驱逐舰和1艘旅洋级驱逐舰,承担着护航任务。

 驱护联合编队的指挥舰

在没有航母参加的编队中,一般以驱

> 图16 俄、美两国驱逐舰编队巡航中

> 图17 中国驱逐舰编队

逐舰为主力组成特遣舰队。此时驱逐舰一跃成为"大将军",作为整个编队的指挥中心,调兵遣将、运筹帷幄,进行海洋控制,实施战略威胁,开展多兵种舰种的联合作战。

 **英勇的突击手**

在战时,驱逐舰可以以编队或单舰作战方式独立完成任务,堪称海上突击手。这些作战任务主要包括防空和反潜、对海攻击和对陆打击、弹道导弹防御、战区指挥控制和搜索等。

承担区域防空和反潜作战

为了满足大范围的防空和反潜作战任务需求,现代驱逐舰上通常会装备多种防空、反潜武器,如防空导弹、舰炮、近程防御系统、鱼雷发射装置、深水炸弹、反潜直升机等。如美国阿利·伯克级驱逐舰、法意地平线级驱逐舰和中国旅洋Ⅲ级驱逐舰,都配置垂直发射系统和相控阵雷达等先进装备,具备强大的综合作战能力。

> 图18 中国旅洋Ⅱ级驱逐舰发射防空导弹

> 图19 鱼雷是水面舰船攻击潜艇的重要武器

> 图20 舰机协同反潜作战

进行对海攻击和对陆打击

现代驱逐舰上通常都配备有反舰导弹，如美国的AGM-84"鱼叉"反舰导弹、先进对地导弹（ALAM），我国的YJ-83反舰导弹等。驱逐舰使用反舰导弹可实现对海上舰船和陆地目标的沉重打击。

进行战区的弹道导弹防御

如果说驱逐舰上的各种武器犹如卫士手中的"利剑"，具有强大的破坏力，可以摧毁海陆空的各种威胁目标，那么现代驱逐舰上还配备有许多防御系统，它们就是巨大的"盾牌"，使得驱逐舰真正成为攻防一体的海上战斗平台。

> 图21 导弹驱逐舰发射反舰导弹

> 图22 美国新一代朱姆沃尔特级驱逐舰反舰打击假想图

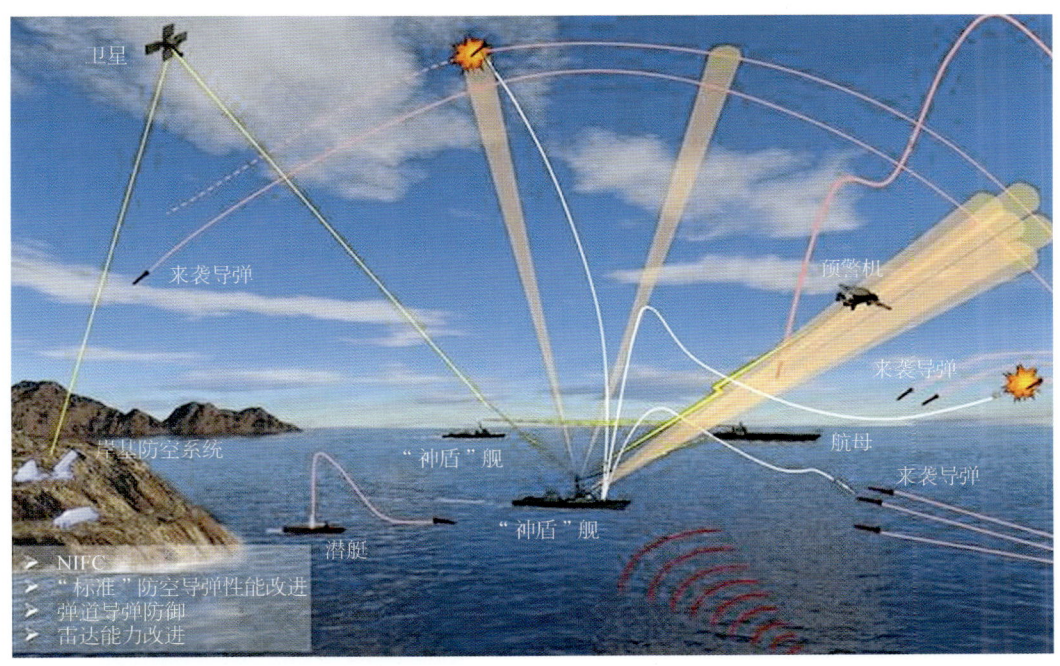

> 图23 驱逐舰反弹道导弹防御作战示意图

> 图24 美国阿利·伯克级驱逐舰发射标准-3对空导弹

相控阵雷达技术

相控阵雷达技术是指控制阵列天线中辐射单元的馈电相位，改变雷达天线方向图的形状和指向的技术。无须转动天线就可以使天线波束快速扫描警戒空域或快速跟踪目标。主要优点如下：用一个或多个天线阵可以同时产生多个波束，完成不同雷达的功能；发射功率大，雷达作用范围广；可靠性高等。

这里的防御系统包括舰上安装的相控阵防空雷达。安装了相控阵雷达后，驱逐舰可以侦测四面八方有威胁的飞行器，包括弹道导弹。它与反弹道导弹一起构成了一面看不见的"盾牌"，防卫着驱逐舰所在区域的安全，从而实现区域反导。

世界上最著名的相控阵雷达便是美国的"宙斯盾"系统，而安装了"宙斯盾"系统的美国阿利·伯克级驱逐舰和提康得罗加级巡洋舰都被称为"神盾"舰。中国旅洋Ⅱ级驱逐舰和旅洋Ⅲ级驱逐舰上也装备了相控阵雷达，因此被军事爱好者称为"中华神盾"舰。

进行战区的指挥控制和搜索

从20世纪80年代开始，美国提出并执行"前沿部署"的战略理论，即首先将兵力部署于世界各处基地，以此作为威慑力量。但近20年来，美国开始大幅削减军费，在其新战略中提出了以具有较大灵活性和机动性的"前沿存在"来代替"前沿部署"。

以航母或驱逐舰为核心的机动编队可以独立执行战区的各种任务，应付各种危机。而在航母不参加或不具备组成航母特混编队的其他国家，具有超强通信和指挥能力的驱逐舰可以执行前沿的指挥任务，成为未来"网络中心战"的关键节点。

参与国际多边军事行动，维护地区稳定行动

驱逐舰由于具有多种作战任务能力，

> 图25 参加"科摩多-2018"多国联合演习的中国"长沙"号导弹驱逐舰

> 图26 美国驱逐舰发射"战斧"导弹进行军事打击

因此也是各国参与国际多边军事行动的常客,如各种军事演习、打击恐怖组织、应对地区冲突。驱逐舰在国际交流、维护地区稳定方面发挥了重要作用,可以说是和平秩序的守护者。

2018年5月3日,在举行的"科摩多-2018"多国联合演习中,共有34个国家的50艘舰艇参加了港岸训练、海上演练、岸上工程及医疗民事救援三个阶段的联演,我国派遣了"长沙"号导弹驱逐舰全程参演。

 **护航战略海运,保护航运安全**

为了保护商船、运输船只以及两栖作战时的安全,驱逐舰也承担了如反潜、反水雷和保证海上补给安全等战斗任务。

二战中,英国组织了代号为"德文郡"的特遣护航队,为英国航行于北冰洋海区运输各种武器装备的商船护航。在超过2 000海里的航线中,既要避开冰山、暗礁,还要应对德国空军、海军的威胁,编队中的6艘驱逐舰发挥了重要作用。

人民海军是从2008年底开始在亚丁湾海盗频发海域执行护航任务,到2018年底已经连续不间断派出了31批舰艇编队远赴亚丁湾,而驱逐舰作为舰艇编队里中流砥柱的角色参加了绝大多数护航行动。

> 图27 北极护航战

> 图28 在亚丁湾护航的中国旅洋Ⅱ级导弹驱逐舰

友好的外交官——友好访问和力量展示

在和平时期,驱逐舰作为海军的主要战斗力量,可以开展非战斗行动,展示军事实力,犹如出使他国的"外交官"。

1997年3月22日,由"哈尔滨"号导弹驱逐舰、"珠海"号导弹驱逐舰和"南仓"号综合补给船组成的我国舰艇编队访问了美国"海军之城"圣迭戈。这是自中华人民共和国成立以来,我国军舰第一次到达美国大陆港口。此次出访历时98天,跨越东西、南北半球,访问四国五港,总航程2.4万多海里,实现了我国舰艇编队首次横跨太平洋、首次抵达美国本土和南美大陆的历史性突破。自此开始,我国海军编队遍访了五大洲三大洋,既显示了实力,又传播了友谊。

> 图29　1997年中国舰艇编队访问美国

第 2 章
现代驱逐舰的外观特征与基本性能

驱逐舰作为海军很能干的主力选手，可谓本领高强。那么对于这么一类能干的舰艇，其颜值如何，性能怎样？下面就一起来看看驱逐舰的外观特征与基本性能吧。

外观特征

由于要承担特定的使命任务，驱逐舰无论是在总布置、型线、球鼻艏以及艉部水下附体等方面都有其特有的外观特征。

主要船型

舰船的上层建筑根据所处位置有不同的名称，其中位于艏部的叫艏楼，位于舯部的叫桥楼，位于艉部的叫艉楼。而根据上层建筑的比例可以将常见的水面战斗舰船划分为以下几种船型：短艏楼船型、长艏楼船型、平甲板船型和长桥楼船型。现代驱逐舰普遍采用的是平甲板船型，这种船型的优点是稳定性好，适合高速航行，这与驱逐舰多样的使命任务非常契合。

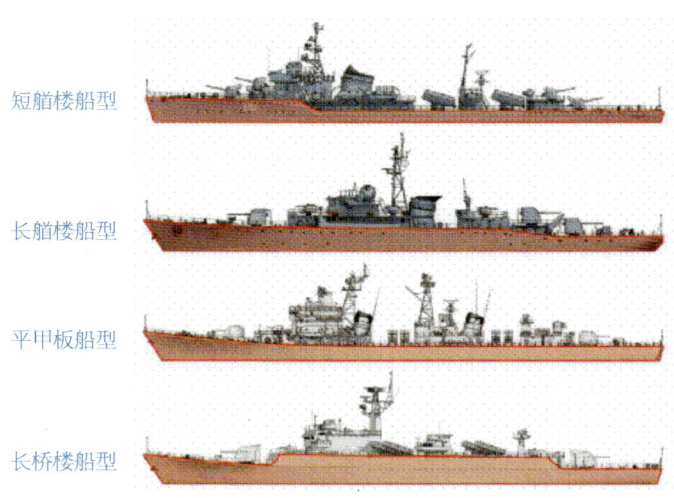

> 图30 常见的几种水面战斗舰船的船型

第2章 现代驱逐舰的外观特征与基本性能

甲板布置

> 图32 美国阿利·伯克级驱逐舰舰艏

以美国阿利·伯克级驱逐舰为例，从外形图可见，全舰分为主甲板以上和船体两个部分。

主甲板以上又可分为舰艏甲板区域、舯部上层建筑区域和艉部甲板区域三个部分。

舰艏甲板区域

舰艏甲板上主要布置了1门127毫米的舰炮和1组导弹垂直发射装置，同时还有各种锚泊设备。

舯部上层建筑区域

舯部上层建筑区域包含驾驶室、桅杆、烟囱等主要上层建筑。各种通信导航设备以及警戒探测设备集中布置在桅杆区域。在舯部区域通常也会布置有导弹垂直发射装置。

艉部甲板区域

艉部甲板区域通常会设置有直升机起降平台、机库以及拖曳声呐等。

阿利·伯克级驱逐舰全舰甲板设计简

> 图33 美国阿利·伯克级驱逐舰上层建筑

> 图31 美国阿利·伯克级驱逐舰外形图

洁,上层建筑较小,侧壁均有一定的倾斜角度,具有良好的雷达波隐身性。

船体特征

驱逐舰的船体型线一般具有较大的长宽比,舯部相当丰满,艏部采用V形剖面,水线以上有明显外飘。这种型线具有优良的适航性、抗风浪稳性和机动性,能在恶劣海况下保持高速航行,横摇和纵摇较小。

同时,驱逐舰通过将作战指挥中心和各类电子系统布置在主船体内,在重点舱室敷设"凯芙拉"装甲,设置军舰特有的三防过滤通风系统,提高抗爆、抗冲击能

> 图34 驱逐舰舰部甲板

第2章　现代驱逐舰的外观特征与基本性能

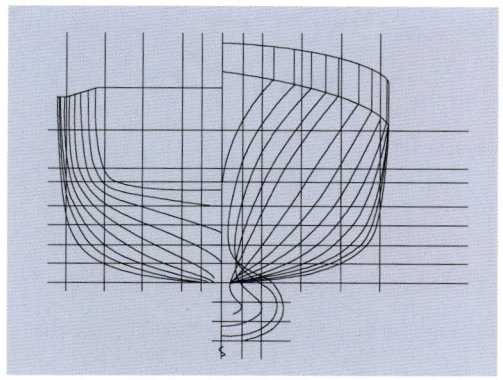

> 图35　美国阿利·伯克级驱逐舰型线图

力等，全面提高驱逐舰的生命力，使得驱逐舰在战损情况下仍然能够保持一定的作战性能。

 **球鼻艏及艉部水下附体的特点**

驱逐舰的"大鼻子"——球鼻艏

球鼻艏又称球形艏，为水线以下近似呈球状的船艏部。球状部分又称球鼻，其形式有水滴形、撞角形、圆筒形等多种。对于驱逐舰而言，球鼻艏有利于安装声呐，因位于舰体的最前端，避免了机械振动和船体杂波的干扰，提高了声呐探测的作业效率。

> 图37　美国朱姆沃尔特级驱逐舰的球鼻艏

> 图36　美国阿利·伯克级驱逐舰SQS—53声呐球鼻艏

小贴士

装甲卫士——"凯芙拉"

为了增加舰上的作战指挥室、弹药舱等主要舱室的安全性，通常对它们的四周舱壁增设防弹舱壁。最早的防弹舱壁都用防弹钢制成，但不利于舰艇重量的控制。近代采用一种芳纶纤维材料"凯芙拉"（Kevlar）来制作防弹舱壁，不但重量轻，而且强度高、韧性好、耐高温，易于加工制造。由于"凯芙拉"坚韧耐磨，遭受弹片冲击后又不易造成二次损伤冲击，刚柔并济，因此在军事上被广泛用于替代防弹钢板，被称为"装甲卫士"。

舭龙骨和减摇鳍

舭龙骨（bilge keel）是在舰的舭部（就是船舷和船底板连接的部分）安装的连续型材，用来改善耐波性和稳性。舭龙骨的主要作用是增加驱逐舰横摇时的阻尼，在舰两舷对称布置。但在高速航行时，其减摇效率较低。在近代的驱逐舰上，还装备有主动式减摇鳍，与舭龙骨配套使用。当驱逐舰以中高速航行时，可以显著改善舰上武器和设备的作业环境。

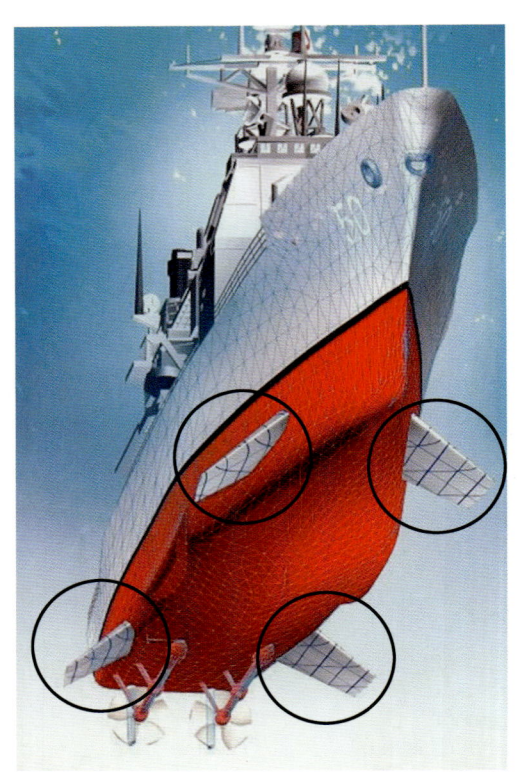

> 图39 减摇鳍可以看成是帮助舰艇在风浪中保持平衡的人造"鱼翅"（图中圆圈部分）

(a) 折叠式

(b) 伸缩式

> 图38 可收放式减摇鳍

轴支架和轴包套

驱逐舰和航速较高的水面舰船，为改善艉部流场的需要和布置大尺寸的螺旋桨推进器，艉部有明显的抬起，从而使推进轴外露在水中。因为要改善轴系振动的条件，需增加其支撑点，所以一般在艉部设计有1～2个轴支架，在轴的船体出口处则设计有轴包套，它们还可以为轴承的润滑提供便利。

舵

舵装置是保证驱逐舰具有良好操纵性

第2章　现代驱逐舰的外观特征与基本性能

图中标注：舵　轴支架和轴包套　舭龙骨

> 图40　典型的军舰艉部水下结构

的主要设备，其功能是改变舰船的航向，并保持其航向的稳定性。驱逐舰一般在艉部设有两个舵装置，其布置的位置要与螺旋桨有很好的协调。

基本性能

通常要了解一个人，除了需要记住一些外在特征，如身高、面貌外，还需要熟悉其内在的性格，如脾气、秉性等。同样地，要对驱逐舰有一个基本了解，除了上面讲到的外观特征外，还必须了解其一些基本性能，如表征舰船重量的排水量、描述舰船快慢操纵的航行特性等。

 排水量

排水量是用来表示驱逐舰大小的重要指标，是驱逐舰按设计要求搭载装载物时所排开的水的质量。通常排水量用吨来表示。

排水量是表征军舰大小的重要指标。根据军舰的不同状态，排水量也分多种，如空载排水量、标准排水量、正常排水量、满载排水量、最大排水量。

空载排水量：全舰建造完毕，各种装置设备安装齐全的舰，但不计入人员、行李、食品、淡水、液体负荷、弹药、供应品、燃油、滑油、航空燃料、特殊装载、超载等部分重量时的排水量。

标准排水量：空载排水量加上人员、行李、食品、淡水、液体负荷、弹药、供应品等部分的重量，但不计入燃油、滑油、航空燃料、机械用水、特殊装载、超载等部分重量时的排水量。

正常排水量：标准排水量加上保证50%规定续航力所需燃油、滑油、航空燃料、机械用水以及加上特殊装载时的排水量。

满载排水量：标准排水量加上保证100%规定续航力所需燃油、滑油、航空燃料、机械用水以及加上特殊装载时的排水量。

最大排水量：满载排水量加上超载部分装载时的排水量。

> 图41 《华盛顿海军条约》限制了美国、英国、日本、法国、意大利五国海军的主力舰排水量

严格以排水量作为标准之一划分舰种是在条约时代。1922年的《华盛顿海军条约》为"主力舰""非主力舰"和"航空母舰"设置了各自的排水量上限。其中，"非主力舰"的排水量被限定在1万吨以下。

而后，1930年的《伦敦海军条约》又对"非主力舰"中的重巡洋舰、轻巡洋舰、驱逐舰做了定义。其中，驱逐舰被定义为排水量不超过1 850吨，并且主炮口径不超过130毫米的水面作战舰艇。

但在实际执行中，各国根据自己的利益需要并未严格遵守条约。随着条约到期和二战临近，各国正式开始突破条约，建造排水量和火炮口径更大的驱逐舰等军舰，但条约所带来的用语习惯还是得以保留。

近代由于没有条约的规定，欧美各国都把"满载排水量"作为军舰排水量的标准值。舰的各种性能也都按"满载排水量"装载状态下来考核。

第2章　现代驱逐舰的外观特征与基本性能

由于我国一直沿承着苏联的一些标准规范和惯例，所以我国舰船的研制和交付主要采用"正常排水量"作为设计和考核的标准状态来进行。但在近10年，对于新研制的舰船，也开始明确以"满载排水量"作为航海性能考核的标准装载状态。

在没有特殊标明的情况下，包括权威的《简氏舰船年鉴》（HIS Jane's Fighting Ships）和各国媒体，所指的排水量一般都指的是"满载排水量"，它和"标准排水量"之间的差值，对驱逐舰来说，一般有数百吨直至千吨的差别。

当然，现代战争环境的改变也在不断冲击旧时代的一些观念，以排水量区分的方法只是一个时期的粗糙分法，随着发展早已不再适用，各类舰船的分类开始按照功能进行区分。在21世纪前后，随着电子技术的不断升级改进，导弹不断升级换代，高性能雷达不断降低能耗和体积，中小尺寸导弹不断提高射程和威力，所以在大型化的驱逐舰上雷达越看越远，导弹越带越多，体型也越来越大。

21世纪以来下水的不少大型驱逐舰虽然有着条约时代巡洋舰甚至战列舰的排水量，但由于装备了更强的雷达、更多的导弹等先进设备，其本质的作战能力和作战定位已不可同日而语了。

总的来说，现代驱逐舰的排水量特征大致如下：以舰队防空为主要作战任务的防空驱逐舰，其排水量一般在6 000～10 000吨；而以反潜和反舰作为自身主要

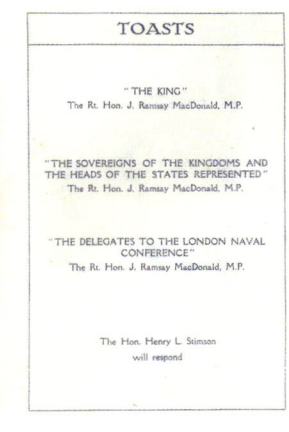

> 图42　《伦敦海军条约》

小贴士

"标准排水量"概念的提出与尴尬

"标准排水量"的概念是在1922年的华盛顿会议上提出的，但这个概念提出后即被大家认为是一种不可能存在的状态，因为这种状态要求不计入燃油的重量。试想一下，船造好了，人员、食品和弹药也都装载上去了，但没有燃油，船怎么开得动？

但这么尴尬的一个概念为什么会提出呢？实际上这是当时美国为了特殊需要而设立的一个概念。华盛顿会议要控制军备，限制各大国造船的排水量。美国认为，当时海军的主战区在欧洲，英国、法国、德国等欧洲主要国家就在家门口，而美国海军却要千里迢迢远航而来，需要消耗更多的燃料，因此提出了不把燃料包含在内的"标准排水量"这样一个虚构的状态，来作为各国控制舰船排水量的依据。

任务的反潜驱逐舰，其排水量通常要小于防空驱逐舰，一般在3 000～6 000吨。

航行性能

航行性能是舰船最基本的性能，它主要包括舰船的快速性、适航性、操纵性，以及在不同条件下的浮性、稳性及抗沉性等。

快速性的重要指标——航速

航速是舰艇在单位时间内所航行的里程，通常以海里/时计算，简称"节"。它是舰艇最重要的战术技术性能之一。

现在，通常用GPS测定水面舰船的

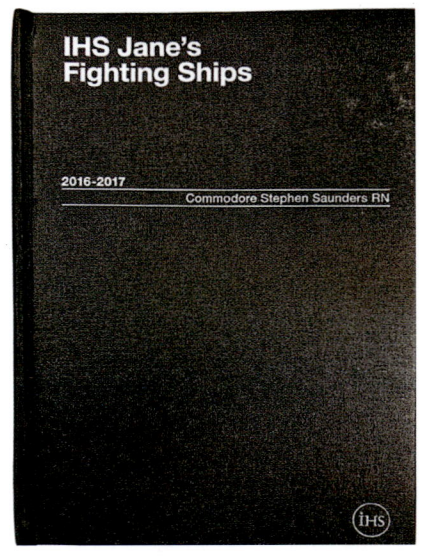

> 图43 世界权威舰船出版物《简氏舰船年鉴》

表1 几种驱逐舰的航速

国家与型号		巡航航速（节）	最大航速（节）
美国阿利·伯克级		20	31
美国朱姆沃尔特级		20	33.5
日本爱宕级		19	30
韩国世宗大王级		20	30
英国45型		18	30

航速，分为最大航速、全速航速、巡航航速、经济航速和最小航速。

最大航速又称为强速或战斗航速，是主动力装置发挥最大功率时舰船所能达到的航速，一般在特殊需要时短时间使用。

全速航速是动力装置以额定总功率工作时舰船所能达到的航速。

巡航航速是舰船执行巡逻任务或保持编队队形时使用的航速。

经济航速是舰船航行每海里燃料消耗量最少的航速，一般用此航速计算舰船续航力。

最小航速是船舵能发挥操纵舰船作用的最低速度。

对于驱逐舰来说，从航速与油耗平衡的综合考虑，通常其最大航速设定为30节左右，如果要超过这个范围，则要么会增加油耗，要么需要降低战舰的携带武器弹药或者物资的总量。因此目前世界各国主力驱逐舰的最大航速一般为30节左右，巡航航速为20节左右。

舰船抵抗外力的能力——稳性

稳性是舰船受外力矩作用偏离平衡位置而倾斜，当外力消除后能自行恢复到原

> 图44　美国阿利·伯克级驱逐舰在大风浪中前行

> 图45 乘风破浪航行的中国旅洋Ⅲ级"长沙"号驱逐舰

平衡位置的能力，是保证舰船安全最重要的总体性能之一。按舰船倾斜方向，分为横稳性和纵稳性；按所受外力矩的性质，分为静稳性和动稳性。水面舰船的横稳性远小于纵稳性，倾覆多发生于横向。各类舰船的初稳性高有一个适当的范围。稳性越好，舰船抵抗外力矩（如风、浪）作用的能力越强。

舰船适应海况环境的能力——适航性

舰船在规定的海况条件下能够完成所赋予任务的能力，称为舰船的适航性。适航性是舰船重要性能之一，直接影响到舰船在波浪中的航行性能及战斗性能。剧烈的摇荡可能导致舰船上各种机械和设备运转失常、船体构件及设备因负荷过大而损坏、阻力增加、螺旋桨效率降低以及人员晕船等。

舰船机动性能好坏的标志——操纵性

舰船的操纵性就是指操纵者按照舰船的操纵性能和车、舵效应，结合风、流和水域等客观条件，运用舰船推进器、舵及锚、缆、拖船以保持或改变舰船运动方向和状态。

回转性和航向稳定性关系到舰船的航行安全和执行任务的机动能力。如舰船在海上的碰撞规避，或海战中占领有利的阵位，都要靠其良好的机动能力来保障。

回转性是指舰船在舵或其他操纵装置的作用下，改变航向做圆弧运动的能力。通常用正常排水量下全速满舵时的战术直径（D）与舰船设计水线长度（L）的比值（D/L）作为舰船回转性能的基本衡量标准。

航向稳定性是指舰船匀速直线航行时受到外界风、浪、流等扰动而偏离航线后能自动保持直线航行的能力。

舰船破损后安全设计的关键因素——不沉性

舰船在船体破损、部分舱室进水后仍能稳定漂浮于水面而不倾覆，以保证舰船继续航行和作战的能力，是舰船战术技术性能要素之一。各种舰船的不沉性按使命任务的不同，有不同的设计要求。驱逐舰要求至少任意3个相邻的主隔舱其浸水长度超过船长的20%，或长度等于船长15%的船壳破洞造成破损进水后，仍能稳定漂浮于水面。船壳、主舱壁和甲板是保障舰船不沉性的关键性结构，在设计建造时要求具有足够的强度、刚度和保持水密性。

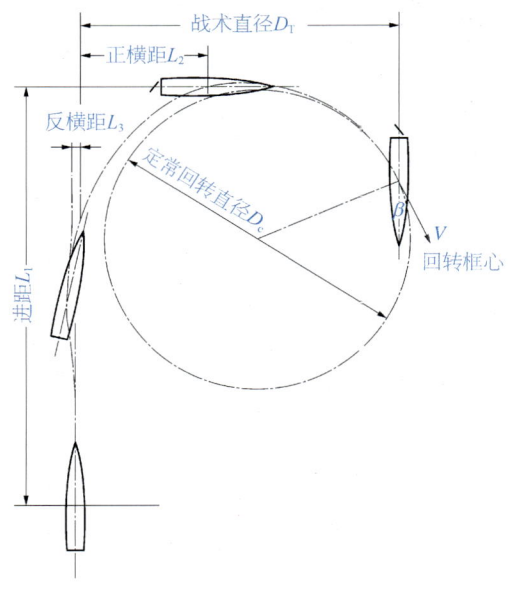

> 图46　舰船回转运动轨迹示意图

> 图47 正在改变航向的美国朱姆沃尔特级驱逐舰

各种舰船均有严格的防沉规章制度和经常性的损害管制训练。为使舰员准确掌握舰船的不沉性和正确处理破损情况,在舰船建成后,造船部门为舰船提供有一系列抗沉性技术保障资料。

支持舰船远航能力的标志——续航力

续航力是指舰船一次满载燃料、机械用水和滑油,以规定航速在正常海况下航行所能达到的最大距离。以海里为单位计量,是舰船战术技术性能要素之一。不同航速下的续航力不等,以经济航速的续航力最大。驱逐舰一般是常规动力舰船,可以改进船体型线,减少舰船航行阻力;降低动力装置的燃料消耗率,以提高续航力。美国阿利·伯克级驱逐舰以巡航速度20节航行时的续航力是4 400海里。

舰船自给能力——自持力

自持力是舰船按满载排水量一次装足燃油、淡水、食品等,中途不进行补给,连续在海上活动的最长时间。以昼夜为单位计量,是舰船战术技术性能要素之一。对军事作战而言更为重要,自持力的优劣决定舰船连续作战控制海域的能力,也是舰船前出远洋的基本作战指标。

> 图48 撞船事件后受损的美国"约翰·麦凯恩"号导弹驱逐舰

第 3 章
驱逐舰的系统特性

驱逐舰作为一种本领高强、使用范围广的海军主战舰船，其优良的航行性能和高超的战斗本领是与其背后的各个组成系统密不可分的。

驱逐舰的系统组成

通常对于现代驱逐舰而言，其系统组成主要包含两大部分：平台系统和任务系统。

平台系统和任务系统并非完全独立的，平台系统为任务系统提供了稳定的工作环境，同时两者共享了导航、通信和航空保障系统的信息。

平台系统包括船体结构与舾装、动力

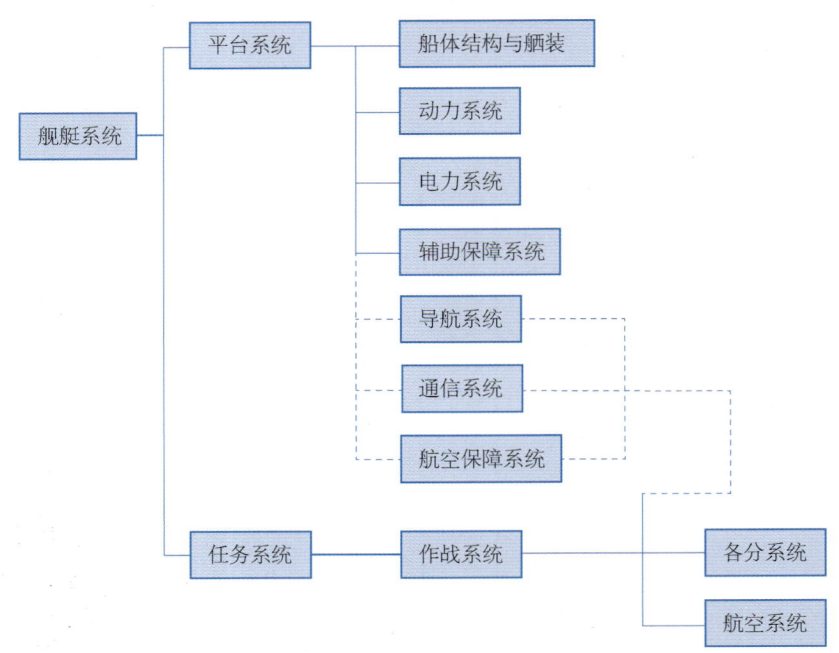

> 图49 驱逐舰系统示意图（虚线表示平台系统和任务系统共享导航、通信和航空保障系统信息）

第3章 驱逐舰的系统特性

系统、电力系统、辅助保障系统、通信系统、导航系统和航空保障系统等，其主要任务是保证驱逐舰在海上的航行能力。

任务系统又称为作战系统，是根据不同作战任务的需要配置不同的作战武器和通信指挥设备等，以执行驱逐舰对海作战、防空作战、反潜作战以及编队指挥等功能。

平台系统特性

 **骨骼与肌肉——船体结构及舾装**

舰船的船体部分一般是由钢板和骨架组成的长箱形结构，整个船的主体可分为若干板架结构，各个板架结构之间相互连接、相互支持，使整个主船体构成坚固的空心水密建筑物。根据板格布置的方向可分为纵骨架式、横骨架式和纵横混合骨架式三种。对于驱逐舰来说，由于船型瘦

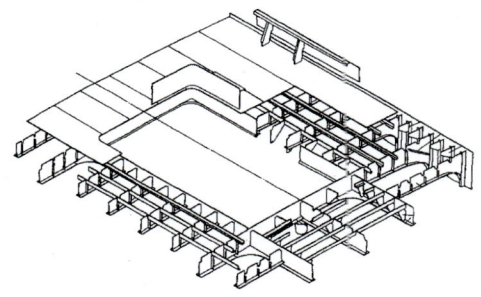

> 图51 纵骨架式甲板图

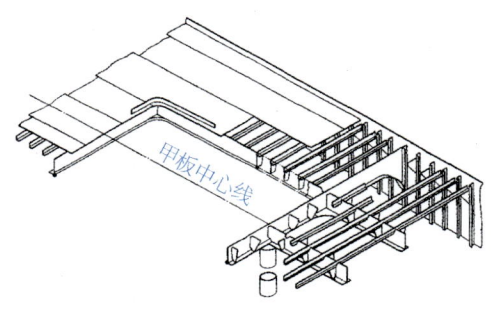

> 图50 横骨架式甲板图

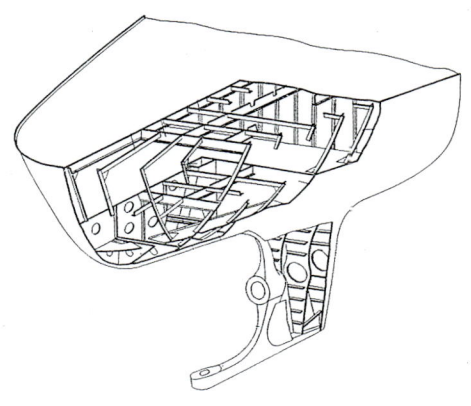

> 图52 舰船艉部结构示意图

长，采用全通甲板或长艏楼，其船体部分通常采用纵骨架式，而上层建筑部分通常采用横骨架式。

完成船体建造工作仅给舰船提供了一个可以漂浮的壳体，要使舰船完成预期的使命，还必须安装各种船用设备、仪器、装置和设施等，这个工艺阶段称为舰船舾装。舰船舾装作业的内容主要包括安装机舱设备、航海设备、舵设备、锚设备、系

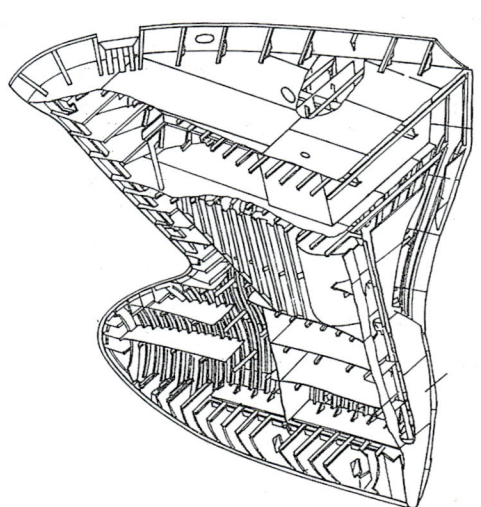

> 图53 舰船艏部结构示意图

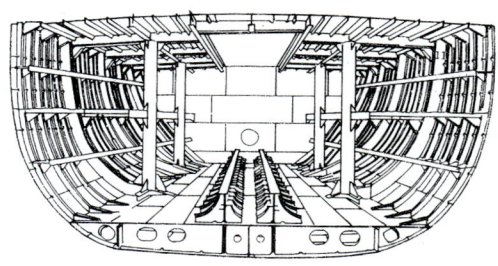

> 图54 机舱结构示意图

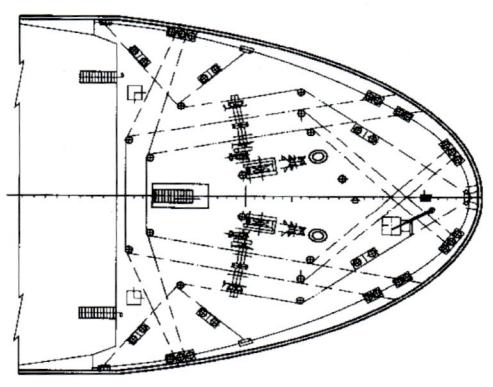

> 图56 系泊设备布置图

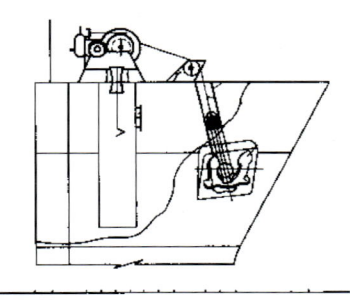

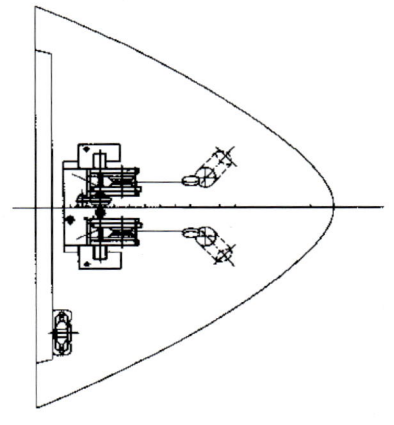

> 图55 锚设备布置图

第3章 驱逐舰的系统特性

> 图57 美国阿利·伯克级驱逐舰艏部甲板舾装设备

泊与拖曳设备、舱室设备、救生设备、消防设备等。因此，舾装工作的进展顺利与否将会直接影响到造船周期的长短。

 强大的"心脏"——动力系统

动力系统是舰船上用于提供推进动力和能源的机械、设备和管路系统的总称，包括主动力装置、辅助动力装置和辅助机械。动力系统可以说是舰船的心脏，直接影响着舰船各项战技指标，主要由主动力装置（主机）、功率传递系统（减速齿轮

> 图58 正在进行码头舾装的中国最新型驱逐舰

箱、刹车装置）、轴系、推进器（如螺旋桨）以及配套的辅助系统和控制与监视系

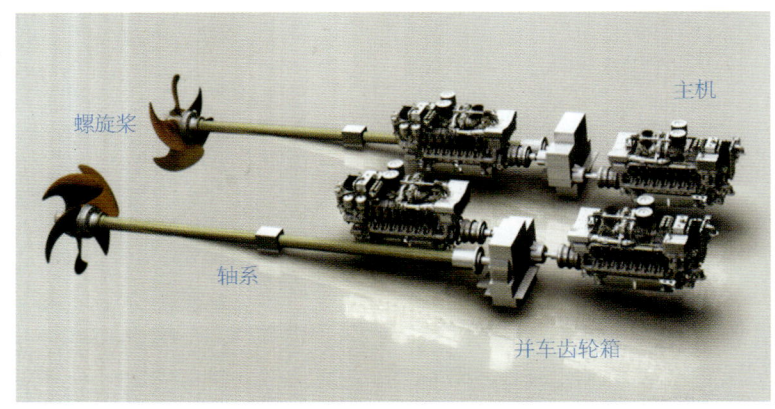

> 图59 舰船动力系统组成示意图

统组成。

目前常用的动力装置形式主要有下面几种。

蒸汽动力装置

蒸汽动力装置是由锅炉和蒸汽轮机组成的。锅炉产生蒸汽,推动蒸汽轮机转动做功产生动力。主要优点有功率大、可靠性高、寿命长、可用劣质燃料油。但是由于其质量大、尺寸大、燃油消耗率高、装置效率低等缺点限制了其在舰船上的继续发展。如俄罗斯现代级驱逐舰的动力系统是典型的蒸汽动力推进型,包括4台高压

> 图60 采用了蒸汽动力装置的俄罗斯现代级驱逐舰

> 图61 船用蒸汽轮机

> 图62 中高速柴油机

蒸汽锅炉与2台蒸汽轮机。

柴油机动力装置

柴油机动力装置是一种将柴油燃烧产生的热能转换成为机械功的动力机械。柴油机动力装置的最大优点是燃油消耗率低、启动加速快、能正反转运行、机动性好、对运行环境条件变化的适应性好、抗冲击能力强。二战后，大功率的中速机被

> 图63 采用柴油机动力装置的法国卡萨德级驱逐舰

逐渐应用于船上。它将气缸排列成V形，采用减速齿轮，既大大减轻了机身重量，又有利于提高螺旋桨效率。

经过不断的改进，柴油机动力装置日臻完善，它的燃料消耗量最低，能使用廉价的渣油，可靠性较高，检修期间隔长达3万小时以上，热效率接近50%，因此是目前应用最广的舰船动力装置。

驱逐舰由于所需推进功率大，所以多使用柴油机并车（CODAD）装置，通过使用减速齿轮箱，由双机输入转换为单轴输出。也有的舰船出于经济性考虑，采用一大一小的两型柴油机交替工作（CODOD）。

法国卡萨德级驱逐舰的动力装置为4台柴油机并车，总功率高达4.32万马力（1马力=735.499瓦）。

燃气轮机动力装置

燃气轮机动力装置的主机是燃气轮机，它是一种将燃油燃烧产生的热能转换成为机械功的旋转式动力机械。其装置功率大、重量轻、尺寸小、启动加速快、机动性好、自动化程度高、操作简单、工作可靠、维护方便等，但燃油消耗率较高、经济性较差，多用于轻型航母、驱逐舰等水面舰船。

现今海军正在服役和建造的大、中型水面舰船，多数以柴燃联合动力装置、全燃联合动力装置为主。美国阿利·伯克级驱逐舰DDG-51采用了4台提高功率的LM-2500-30燃气轮机，总输出功率达到77兆瓦。

电力推进装置

电力推进装置是以推进电动机为主机的动力装置，通常由汽轮机发电机组，或燃气轮机发电机组，或柴油机发电机组，和推进电动机等构成。其特点是能量可以储存，用推进电机推进时噪声及振动小。

根据美国研究表明，美国海军若采用电力推进系统，能比传统机械系统节省10%~25%的燃油消耗，以及降低15%~19%的后勤维修成本。

采用综合电力推进系统后，以往舰船上空调功率不足的情况就不再重演，舰上

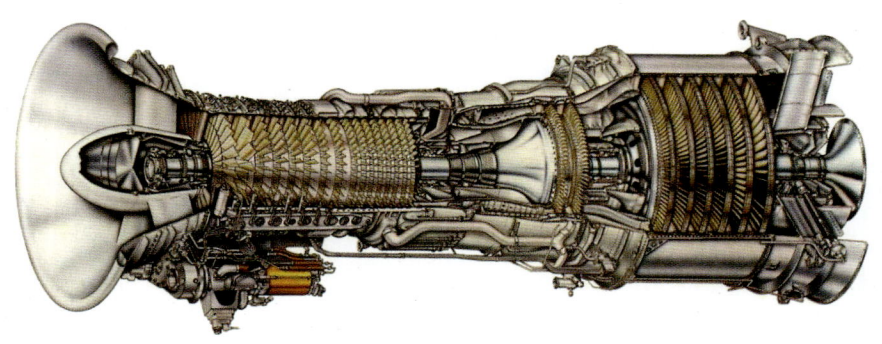

> 图64　燃气轮机示意图

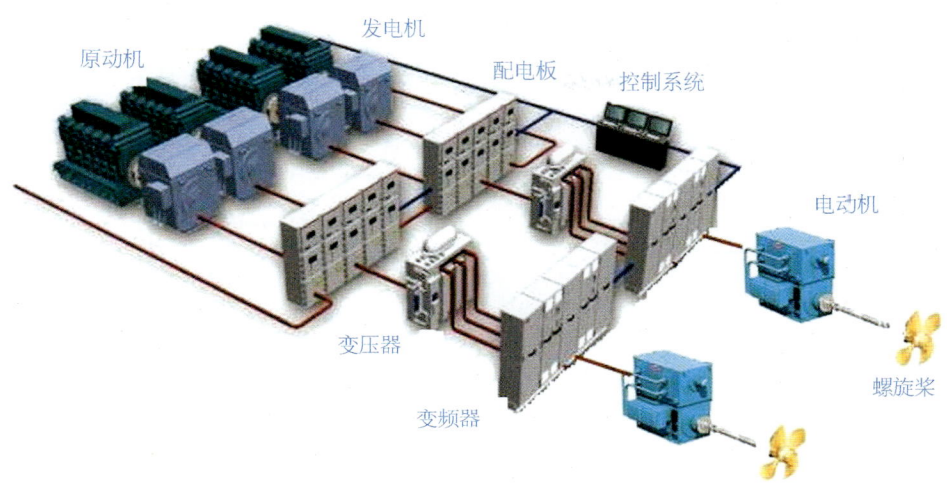

> 图65 电力推进系统示意图

的电子与作战系统也可以获得更大的功率。此外,对于需要瞬间高功率输出乃至高能量密度脉冲电源的装备,如电磁炮、高能武器等,综合电力推进系统也能更好地满足这类大功率新装备的需求。

电力推进系统由于省去了减速齿轮箱和长轴系,不但显著降低了舰上的噪声,而且使推进系统的布置更具灵活性。目前采用电力推进的驱逐舰有美国朱姆沃尔特级驱逐舰和英国45型驱逐舰。

舰船联合动力装置

它是由两种不同类型或型号的主机所组成的动力装置。其优点是能发挥每型主机的特性,满足舰船在不同航行工况下对动力装置的要求,既能满足舰船全速航行时的大功率需求,又能兼顾巡航时的经济性。

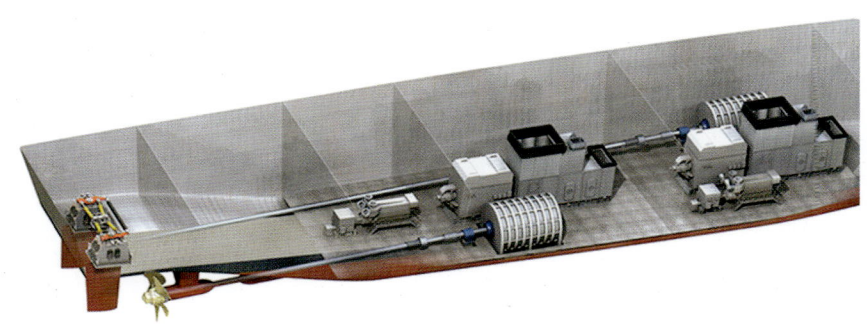

> 图66 英国45型驱逐舰推进系统示意图

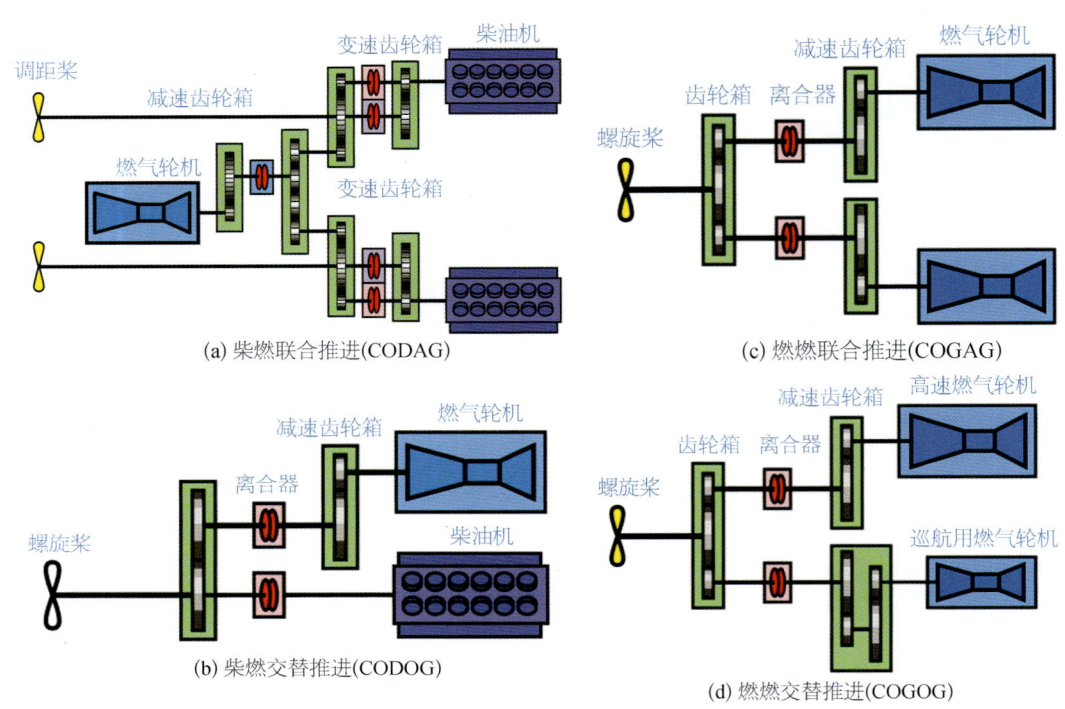

> 图67 常见的联合推进系统组成示意图

> 图68 韩国世宗大王级驱逐舰

第3章 驱逐舰的系统特性

> 图69 中国旅沪级驱逐舰

目前主要有3种形式的联合动力装置，即汽轮机+加速燃气轮机（COSOG或COSAG）、柴油机+加速燃气轮机（CODOG或CODAG）、燃气轮机+加速燃气轮机（COGAG或COGOG）。符号中的第四位表示的是联合动力装置的使用方式：A表示并车使用；O表示交替使用。

韩国世宗大王级驱逐舰就采用了COGAG全燃联合推进动力装置，中国旅沪级驱逐舰则采用了CODOG装置。

 供血网络——电力系统

在舰船电气化、自动化、网络化、信息化及模块化程度日趋增长的情况下，舰上的电力系统已成为平台上最主要的系统之一。当舰船受到损伤，包括战斗损伤或非战斗损伤时，如果舰船上的电力系统仍能基本或部分保持工作，那么其援救工作就可较为容易地进行。所以有比喻说，如果动力系统是舰上的"心脏"，那么电力系统就是舰上的供血网络，一起构成舰船动力中最重要的部分。舰上的电力系统主要由发电系统和配电系统两大部分组成。

如果用最粗略的概念来描述，一艘现代驱逐舰上的发电量（千瓦）基本上与舰的排水量（吨）处于相接近的量值。即一艘5 000吨级的驱逐舰，其舰上的发电量可能接近于5 000千瓦，相当于可满足陆上一个中小城镇的用电量了。由于电力系

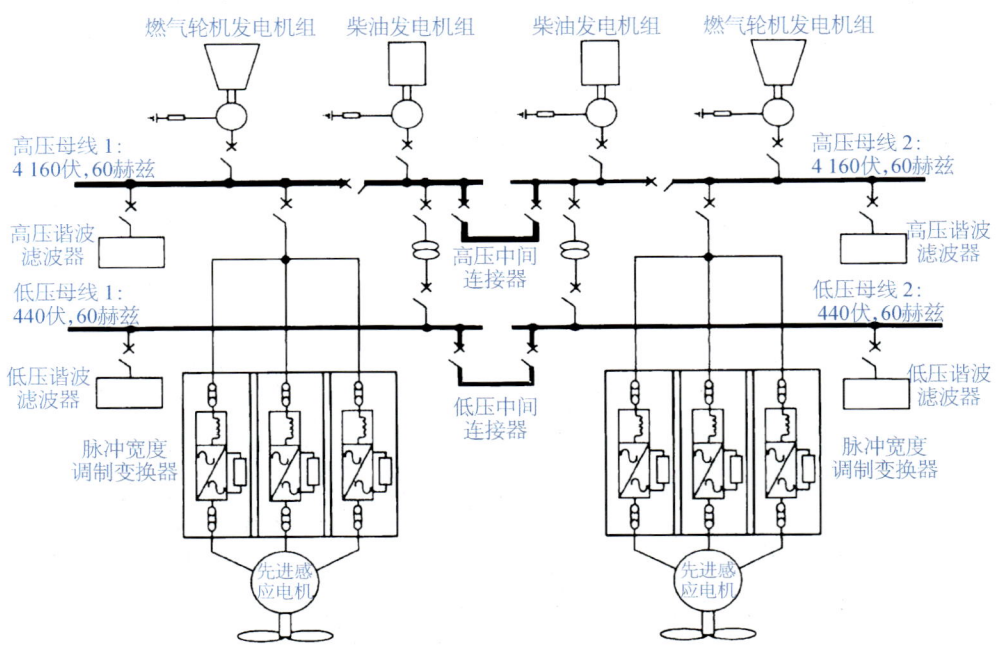

> 图70 英国45型驱逐舰综合电力系统结构示意图

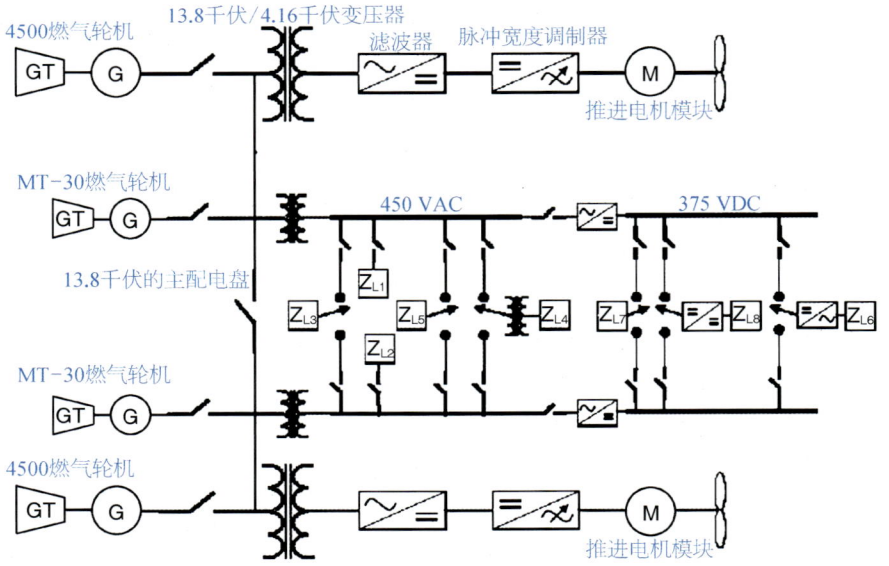

> 图71 美国朱姆沃尔特级驱逐舰电力系统示意图

统的重要性，驱逐舰上一般设置2～3个发电站，以保证在各种情况下它们不会同时损坏或失效。

综合保障——辅助保障系统

一艘驱逐舰就像是漂在海上的一座浮动的城市，从航行、作战和生活保障再到受到损害后的处理，无一不需全方位考虑。舰上的辅助系统就是保障舰船的操作、安全、居住和供应等各种需求的综合性系统。

舰上的辅助保障系统主要包括：

舱室大气环境控制系统（包括日用蒸汽和供暖、舱室通风和空调、食品冷藏等）。

消防系统（包括火灾探测与报警，灭火控制，弹药舱浸水、防爆等）。

日用水系统（包括饮用水、洗涤水、日用海水、排水，生活污水处理、油污水处理、压载水处理等）。

燃油、滑油的储存与处理，航空喷气燃料的储存等。

操作控制用的压缩空气与液压系统。

舰船运动控制系统（包括操舵、减摇、主动转向、综合控制等）。

海上补给和接收系统。

机械式转运系统（包括锚、系泊与拖曳、小艇收放与升降装置、直升机的舰面

> 图72 日本金刚级驱逐舰进行核生化消洗演练

保障等）。

三防（主要是防核污染、化学污染、生物制剂污染）。

专用项目（包括救生与打捞、拖体收放与损害管制等）。

这些项目中的大部分功能与陆上设施有相似之处，但它们必须满足海上使用的特殊环境条件（包括高温与低温、高盐度、油雾、湿度、摇摆、冲击、振动、颠震、交变湿热等）。

而在军舰上，最富有特色的辅助系统当属"三防"系统。这些污染都可能在极端的战争环境下发生，而作为海上主战舰船的驱逐舰，要求有这方面的防护能力。

千里眼与顺风耳——导航与通信系统

现在执行海上任务对信息的捕捉和获取有着非常高的要求，驱逐舰上装有各式各样的电子设备，主要分为导航设备和电子设备。通常在驱逐舰的上层建筑处会设有桅杆作为各种电子设备的载体，满足其工作时的环境要求。

驱逐舰上主要采用的桅杆形式有以下几种：全封闭式、三脚式、柱式、塔式、烟囱/桅杆一体式等。

舰船的导航系统

舰船导航系统是指为舰船导航、定位的仪器和设备的统称，用于保证舰船安全航行，实时向舰上的操舵设备和武器系统提供舰的航向、航速、所处的经纬度、所在位置的水深和流速流向、风向、温度、湿度等信息，以及海上目标的位置和运动信息，保证正确操舰和武器系统的准确使用。

舰船上的导航系统由众多电子设备组成，其中包括与民船（货船、客船等）一样的普通设备，以及军舰所需的专用设备。

普通导航设备包括磁罗经、陀螺罗经、导航雷达和天文导航设备、计程仪、测深仪、航向仪、风向风速仪、自动避让识别装置和航行自动记录装置（相当于飞机上的"黑匣子"）等。

军舰专用的导航设备主要由平台罗经、惯性导航系统、无线电导航设备以及卫星导航设备等组成。平台罗经（或惯性导航系统）能实时提供舰的航速、航向、位置、纵摇和横摇等信息，为舰的安全航行和执行战斗任务提供精确的航向、姿态信息。各类无线电导航设备可全天候工作，设备简单、可靠性强，但隐蔽性差、对岸基设备依赖性强，易被干扰和反利用，不能提供基准姿态信息。

卫星导航设备可以全球全天候提供非常精确的定位。为了摆脱战时被控制和依赖，各主要大国都发展了自己的卫星定位系统，如美国GPS系统、俄罗斯格洛纳斯系统、欧洲伽利略系统，中国也独立研制了北斗系统。这些系统平时可对民船和其他国家海军开放，但战时卫星的所有国可能关闭其通道，具有其独有的可适用性。

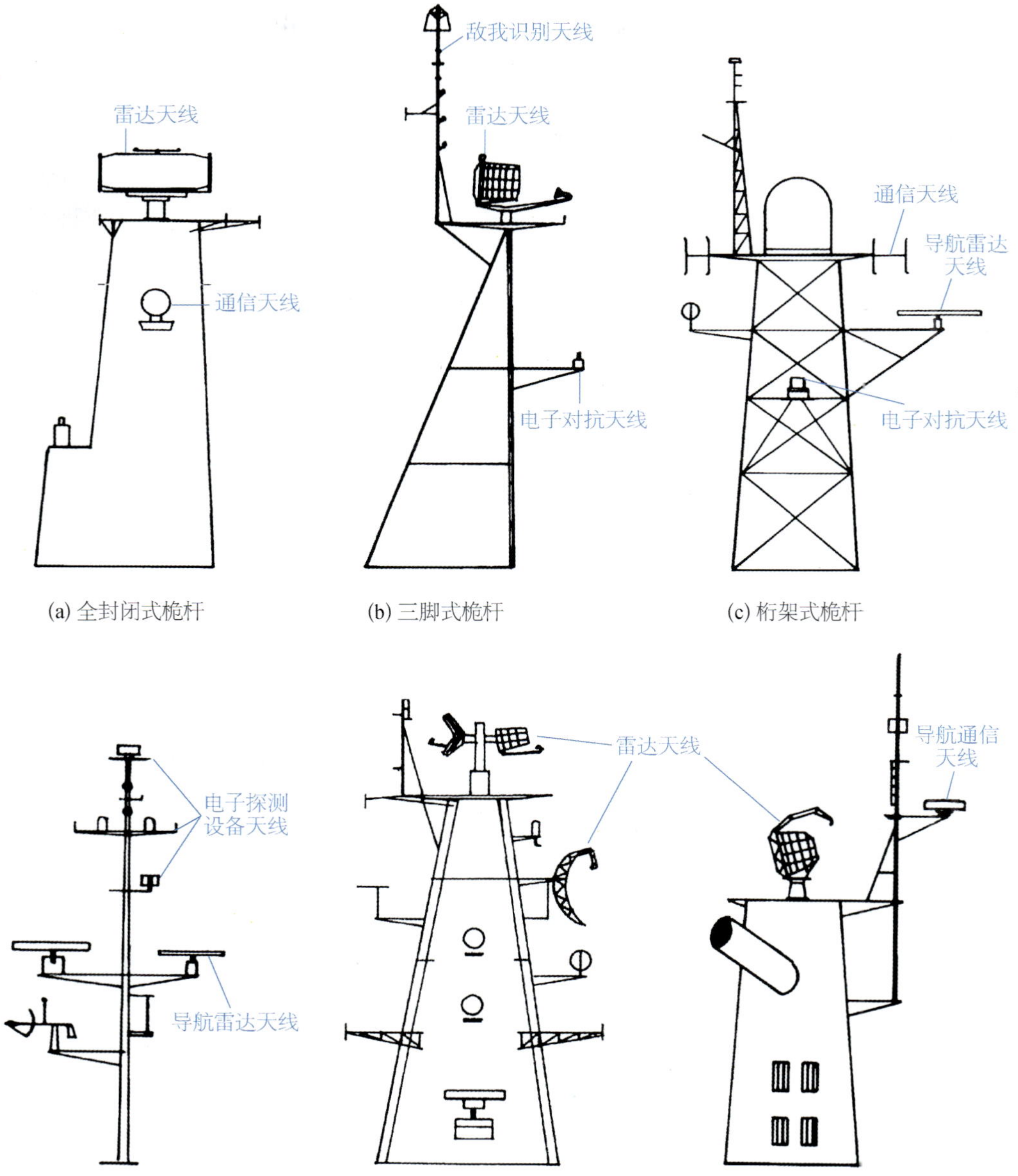

第3章　驱逐舰的系统特性 | 51

(a) 全封闭式桅杆

(b) 三脚式桅杆

(c) 桁架式桅杆

(d) 柱式桅杆

(e) 塔式桅杆

(f) 烟囱/桅杆一体式

> 图73　不同形式的桅杆

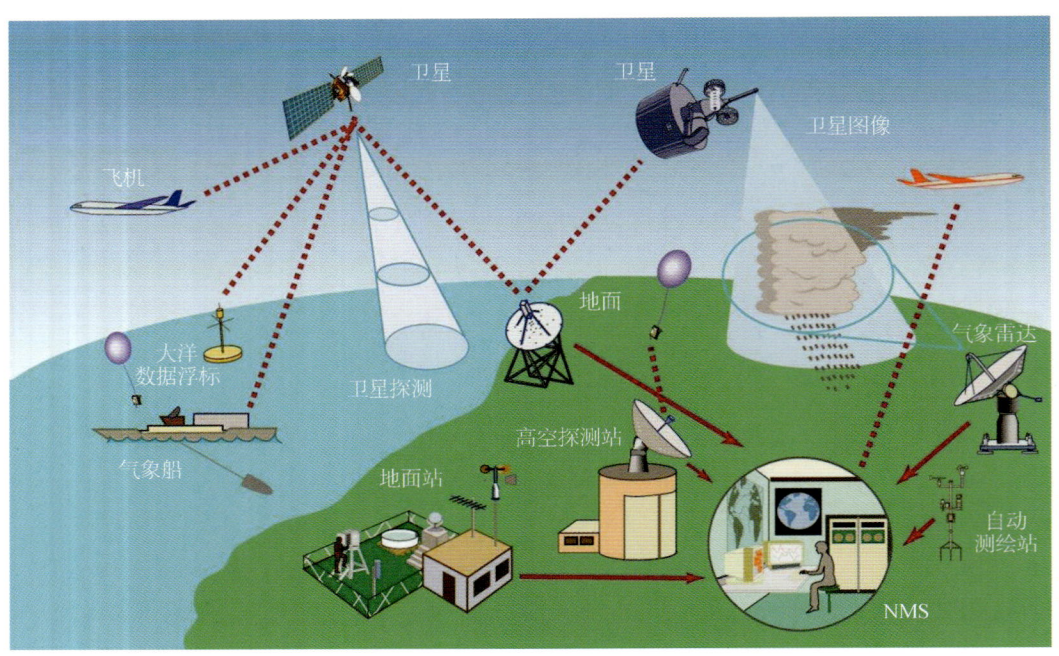

> 图74 导航系统示意图

（a）中国北斗　　　　（b）美国GPS　　　　（c）俄罗斯格洛纳斯　　　（d）欧洲伽利略

> 图75 中国、美国、俄罗斯以及欧洲四大全球卫星导航系统

舰船的通信系统

舰船通信指的是用于舰船作战指挥和日常勤务的信息传递，它直接影响着舰船作战的活动范围和反应能力，是舰船现代化程度的标志之一。舰船通信是军事通信的一种，它与其他军事通信有共同之处，

 第3章 驱逐舰的系统特性

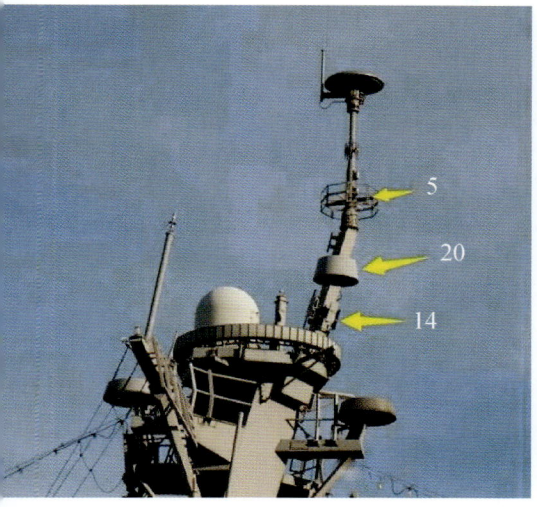
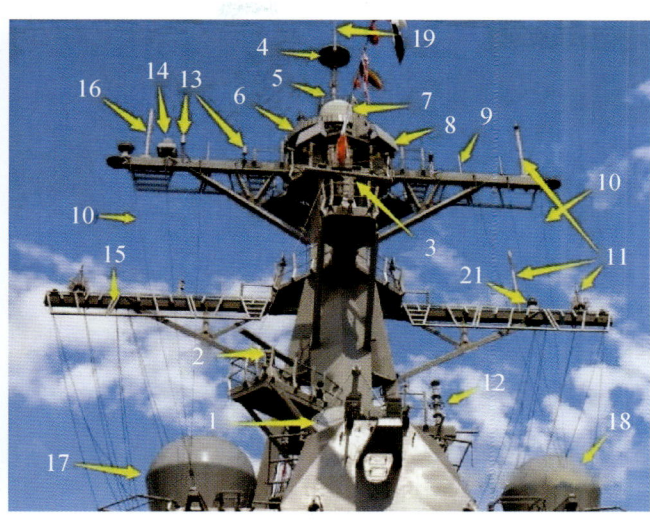

> 图76 美国阿利·伯克级驱逐舰的桅杆布满了各种通信和雷达天线

1—AN/SPG-62连续波照射雷达；2—SPS-64（V）9导航雷达；3—AN/SPS-67（V）3水面搜索雷达；4—TACAN URN-25 塔康系统天线；5—AN/SRS-1A（V）战术定向系统天线；6—OE-120/UPX-37 系统的环形天线阵列；7—SRQ-4 LAMPS系统的数据链天线的橡皮擦形外罩；8—AN/USG-2 CEC协同交战系统的四面平板型天线；9、11、13、16—甚高频频段（VHF）的舰载无线电电话；10—AN/URT-23D HF高频发射机的线状天线；12—气象数据传感器；14—特高频（UHF）设备发射天线；15—金属脚挂；17—WSC-6卫星通信系统天线；18—WSC-3卫星通信系统天线；19—位居全舰最高点的避雷针；20—16号数据链的联合战术信息分配系统天线；21—AN/SAT-2红外信号灯

但也有许多独特的需求和特点，突出反映了海上作战指挥所提出的特殊要求。通信系统具有布置空间开阔、频率覆盖面宽、电磁兼容性能好、适应海洋工作环境和舰船工作条件等特点。

航空保障系统

随着直升机成为驱逐舰重要的反潜手段，现代驱逐舰通常在艉部设置有直

> 图77 准备在美国阿利·伯克级驱逐舰上降落的反潜直升机

> 图78 助降灯光系统

> 图79 舰面系留设备

> 图80 安全网

> 图81 助降格栅

升机起降平台和机库。而为了保证直升机在驱逐舰上的安全起降，现代驱逐舰通常都配备了航空保障系统，又叫舰面系统，具体是指为直升机在舰上起降而提供必要保障的系统，它主要包括指挥塔台、助降指示设备、助降格栅（或助降网）、牵引设备、助降系留设备、舰面照明设备、甲板舷边安全网、甲板消洗设备、加油设备、充放电设备以及机库和维修设施等。

第3章 驱逐舰的系统特性

作战系统特性

强强联手，综合集成——作战系统组成

作战系统指驱逐舰用于执行警戒、跟踪、目标识别、数据处理、威胁评估及控制武器、完成对敌作战功能各要素的综合体。作战系统是驱逐舰区别于其他舰船的关键设备，根据其作战使命的不同，一般由下列分系统构成：警戒探测设备；水声与水声对抗；电子侦察与电子对抗；舰炮与近程防御武器；对空

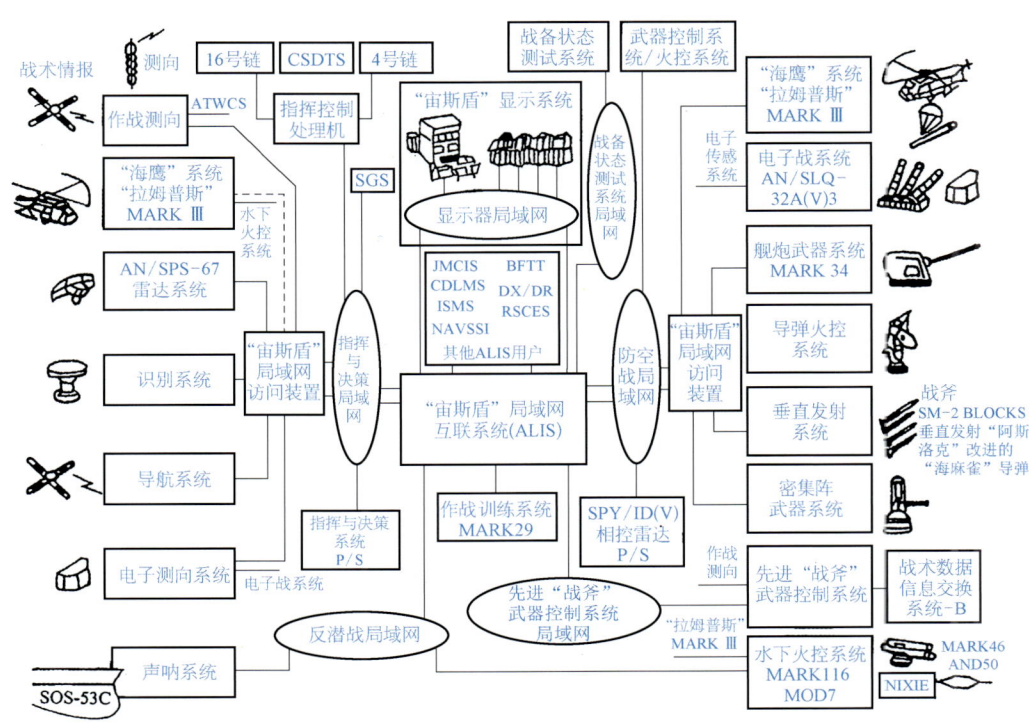

> 图82 美国"宙斯盾"作战系统示意图

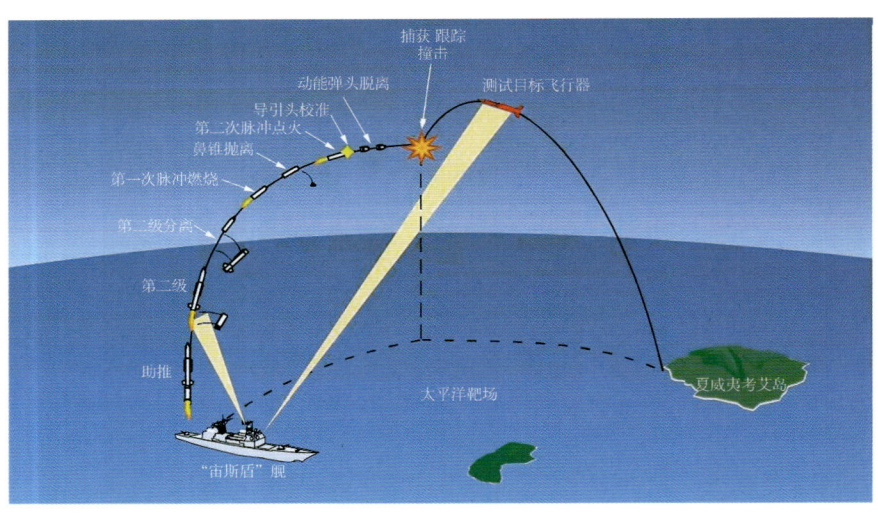

> 图83 "宙斯盾"拦截弹道导弹试验

表2 驱逐舰配备的主要武器系统及作战用途

配备武器系统	作战用途
多功能相控阵雷达+远程搜索雷达	对空、对海探测
舰壳声呐	对潜艇进行中近距离探测及对鱼雷、水雷进行侦测
拖曳阵声呐	对潜艇进行远距离探测
区域防空导弹系统+点防空导弹系统+末端反导舰炮系统	形成远中近火力衔接的层次化防空火力体系
反舰导弹系统+大中口径舰炮系统+舰载直升机挂载空舰导弹	形成具备超视距打击能力的对海火力体系,并可通过舰载直升机挂载空舰导弹对水面舰艇实施打击
对陆攻击巡航导弹+大口径舰炮系统	形成对陆打击以巡航导弹为主、对岸火力支援以大口径舰炮为主的对陆打击与对岸支援火力
管装鱼雷武器系统+反潜导弹系统和反潜直升机	形成近中远层次反潜装备体系
用于干扰诱骗对方鱼雷的舰载和拖曳式声诱饵	水声对抗
用于实施有源和无源干扰的系统及设备	电子对抗

导弹；反舰与对陆攻击导弹；反潜；作战管理及辅助设备。

作战系统一般通过数据总线，对各分系统与设备进行控制和管理。

由于各国海军驱逐舰担负的使命任务主要是参加编队、执行防空反导、反潜、对海打击、对陆火力支援和打击等。为了承担这些作战任务，驱逐舰在长期发展过程中，经过实践和相互借鉴，其装备配置思路也逐渐趋向典型。

中流砥柱——对海作战

驱逐舰上对海作战的武器主要为舰炮与导弹。舰炮主要用于近距离作战，小口径舰炮（炮管口径为20毫米、30毫米、37毫米、40毫米）的射程一般在数千米以内，只能用于近程的防御与对海行动；中程舰炮（炮管口径为57毫米、76毫米、100毫米、127毫米、130毫米）的射程可

> 图84 全球"宙斯盾"舰侧视对比图

> 图85 双130毫米舰炮

> 图86 美国MK-45 127毫米舰炮

> 图87 法国100毫米舰炮

> 图88 法国"飞鱼"反舰导弹

达10千米至数十千米，是海上中近程作战的主要武器；大口径的155毫米舰炮，主要用于对陆攻击，只装在大型驱逐舰上。

导弹目前已经成为对海攻击的主要武器。自20世纪第一次中东战争埃及使用"冥河"导弹击沉以色列驱逐舰以来，反舰导弹发展迅速。在1982年的马岛战争中，阿根廷用法国的"飞鱼"导弹（射程4～45千米）击沉了英国的"谢菲尔德"号驱逐舰和"大西洋运送者"号运输舰后，导弹日益成为打击水面目标的主要手段。

在进攻作战中，导弹具有射程远、目标识别能力强、制导精度高、破坏威力大、攻击机动性好和隐蔽性与抗干扰能力突出的优点。对海导弹单独设置时，一般采用斜架式发射。当导弹的攻击目标超过"视距"（一般约为40千米）时，需要采用超视距目标指示或中间制导的方式进行超视距的目标锁定。

近现代大型驱逐舰上采用多种导弹的通用垂直发射系统（VLS），一般用于发射打击距离较远的空中、海面目标或对岸上目标进行大规模的饱和攻击。

弯弓射雕——防空作战

驱逐舰在海上航行作战时，来自空中的打击已日益成为对其主要的危险。据统计，在二战中，共有692艘大中型军舰被击沉，其中222艘是被敌方的航空兵所击沉的，约占总数的30%，超过了来自水面

> 图89 俄罗斯"白蛉"导弹

舰船、潜艇的攻击以及海军协同各兵力联合战斗攻击的威胁，位居榜首。而在二战以后，随着导弹的飞速发展，来自高空或掠海的导弹攻击更是成为水面舰船的主要威胁。

对海打击，讲的是由近及远；而对空防御，要做到的是由远及近。就飞机和导弹的来袭而言，最好在远处就把它们拦

截掉，进而更远些将它们的发射平台（飞机）击落，因此对空防御可分为远程、中近程和末端防御三个层次。

远程防御一般可在100千米左右或更远，它不但可为本舰提供空中掩护，也可为编队中的其他舰船（包括航母）提供空中保护，称为"区域防空"或者"面防空"。在现代驱逐舰上，一般由垂直发射系统来完成区域防空导弹的发射，典型的就是美国"宙斯盾"战斗系统的MK-41导弹垂直发射系统。

中近程防空一般在几千米甚至20～30千米，典型的如法国的"海响尾"导弹（射程13千米）与美国的"海麻雀"导弹（射程14.5千米），只能为本舰提供

> 图91　美国标准-3防空导弹发射瞬间

空中保护，因此称为"点防空"。舰上的主炮也能为本舰提供一定的空中保护，只不过它发射炮弹的速度比较低，其射击命中率也没有导弹高。

> 图90　美国军舰上的导弹垂直发射装置

第3章 驱逐舰的系统特性 61

> 图93 美国"密集阵"近程防御系统

> 图92 美国"海麻雀"导弹

末端防空是最后一道防御，以对付突破了远程和中近程防空火力的来袭导弹。它一般由舰上的多管小口径速射炮来承担。典型的是美国的"密集阵"系统，由

> 图94 俄罗斯AK-630防空炮

六管20毫米转管炮构成，发射率为每分钟3 000发炮弹。

"密集阵"系统采用模块式结构，有一台搜索和跟踪雷达天线、一台Ku波段公用发射机，六管20毫米舰炮可携带1 000发炮弹，与炮座动力传动系统和电子密封框等部件均装在一个底座上，形成"三位一体"，组成一个独立的系统。

俄罗斯军舰上的末端防空则有AK-630六管30毫米舰炮。它由于能成功地采用内能（燃烧的火药气体能量）驱动炮管转动，大大降低了系统的电力消耗，具有良好的适装性。其发射率为每分钟4 000～5 000发炮弹。

俄罗斯在AK-630的基础上发展了一型"卡什坦"弹炮合一的反导弹系统。它由2组四联装监控导弹和双联装六管30毫米舰炮组成，被安装在同一转塔上。由于采用了"弹炮结合"的综合系统，可对来袭的目标进行分段拦截，其防空导弹的拦截区段为1 500～8 000米，而六管30毫米舰炮的拦截区段为500～1 800米。弹炮结合后，能够非常有效地反击来袭的高速目标。

> 图95 俄罗斯"卡什坦"弹炮合一系统

 深海猎鲨——反潜作战

潜艇隐蔽航行在水下，美国和俄罗斯主力潜艇的下潜深度在450米，而攻击型潜艇的下潜深度有的可达600米。潜艇用鱼雷和导弹不但可以攻击水面舰船（包括航母），也可用高精度的巡航导弹攻击远程的陆上目标。因此在海上编队中，驱逐舰把履行反潜作战作为其主要任务之一。

现代驱逐舰通过将反潜作战指挥、本舰和外平台的探测、直升机反潜、鱼雷攻击和防御等功能综合在一起，形成"水下作战系统"，即反潜系统。

目前，在驱逐舰的反潜作战体系中，舰载反潜直升机实施远程反潜，火箭助飞鱼雷是中程反潜武器，而管装鱼

> 图96 三联装鱼雷发射装置

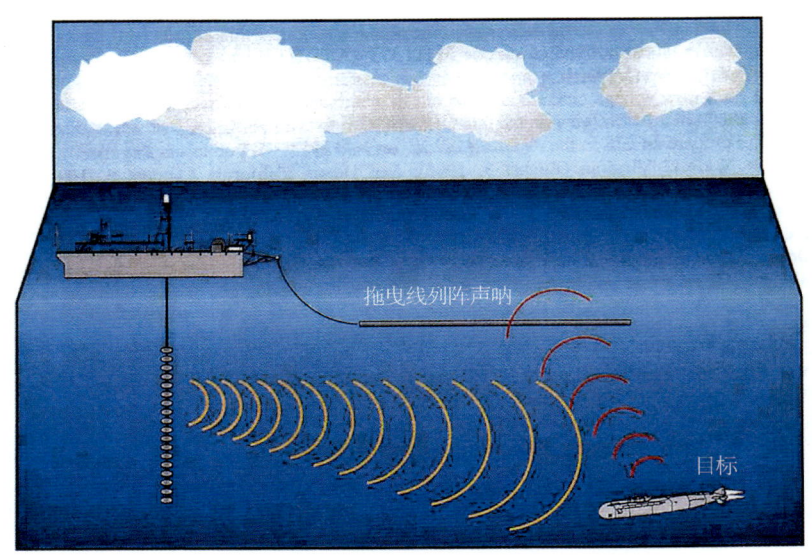

> 图97　拖曳线列阵声呐工作原理示意图

雷和深水炸弹是近程反潜武器。舰上的声呐、反潜指挥所、鱼雷发射装置及深水炸弹发射炮等组成了近程舰载反潜系统；空投鱼雷与直升机上的吊放声呐和其他探测设备、火控设备等组成了机载反潜系统。

现代驱逐舰的反潜作战将不再局限于以舰载声呐发现跟踪目标的做法，转为舰-空（直升机）联合反潜的作战模式。舰上的拖曳声呐（装于舰的艉部）可引导反潜直升机快速到达可疑海域，使用机载反潜装备对潜艇进行搜索、定位和攻击。同时发挥舰载声呐（一般装于舰艏部的球鼻艏内）、舰载近程反潜武器（管装鱼雷和深水炸弹）的优势，实施远近结合的反潜作战。

在驱逐舰上，为了对付突破几层防线而靠近本舰的鱼雷，还配置了水声诱饵和水声干扰弹，以此将来袭的鱼雷引开本舰。

 无形战场——电子对抗

现代战争中产生了一种新的对抗方式——电子战，就是破坏和干扰敌方电子设备的正常工作，使其武器装备不能正常工作，形成了海上在对海、防空、反潜之后的第四种对抗方式。通常电子战主要包括电子侦察、电子干扰和反侦察、反干扰两个方面。前者为电子对抗，后者为反电子对抗。电子对抗包括雷达对抗、水声对抗、通信对抗和光电对抗等，而驱逐舰则成了众多电子对抗装备的重要载体。

> 图98 无形的电子对抗战场

第4章
驱逐舰的作战适用性

驱逐舰作为一种水面战斗舰艇，在设计时除了满足快速性、适航性等通用的船舶性能之外，还需要考虑战斗舰艇特有的性能，这些性能保证了驱逐舰在战斗时具有安全、稳定、生命力强等特点。下面就让我们来看看驱逐舰有哪些重要的性能。

魅影迷踪

隐身性

在高技术条件的海战中，水面舰船的威胁主要来自空中、水面和水下。随着现代探测技术和武器朝着高精度、远距离方向发展，舰船的暴露和被敌方发现、跟踪、识别以致被武器命中的概率大幅提高，舰船的生存能力和战斗能力受到严重威胁。敌方的探测设备主要是通过探测舰船物理场的信号特征来发现、跟踪和识别目标，因此尽可能减小被敌方武器命中的概率就显得极为重要。

对驱逐舰等水面舰船来说，主要的辐射物理场为雷达波反射，水下噪声辐射，舰上红外辐射，磁场、电场、水压场、尾流场等。通过设计来减少这些舰船物理场的信号特征值，就可以降低舰船在相应条件下的暴露率。

雷达波隐身

驱逐舰等水面舰船作为一个海上目标，被敌方的飞机、导弹和舰上雷达照射后，一部分照射功率被舰体本身吸收了，另一部分则向各个方向散射出去。在某一给定方向上散射功率的度量，通常用目标散射截面积，又称雷达截面积（radar cross section，RCS）来表示。实际目标的RCS大小与目标的性质、形状等多种因素有关，RCS通常用平方米来表示。

雷达波隐身的意义

驱逐舰等水面舰船雷达波隐身设计的目的是减少舰船本身的RCS，使之难以被敌方的雷达发现、跟踪和识别，或不能在远距离识别，从而提高本舰做出防御反应的时间，增大抗毁伤的能力。

使舰船的RCS降低到海面波浪杂波散射的截面积是最理想的，因为舰船的辐射特征信号就混杂在海洋环境中，敌方的搜索雷达和反舰导弹的制导雷达就不可能捕获或识别舰船目标。但是实际上，对舰船这样大尺寸的复杂金属结构物是不可能

第4章 驱逐舰的作战适用性

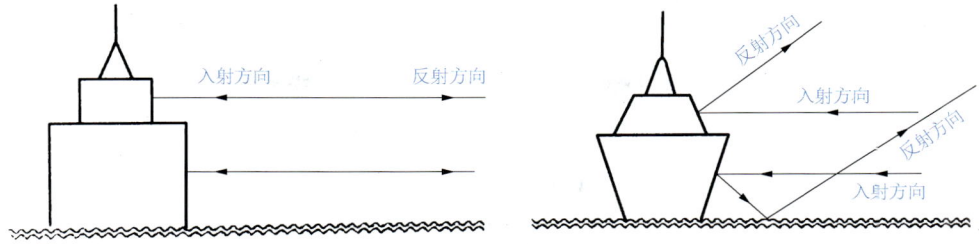

> 图99 不同设计外形对雷达波的反射效果

做到的。设计师能做到的是尽量减小舰的RCS，可将原本几千吨的大型舰船反射到敌方雷达屏上变为只有几百吨的小型船只，从而误导或推迟敌方雷达的识别。

雷达波隐身设计在舰船上主要通过改进外形设计和采用吸波材料来实现。

舰船外形的隐身设计

以往水面舰船的干舷和上层建筑部分多是垂直或近似垂直的截面，这样就与海平面形成有效的双面角反射器。

为消除这一重要的反射源，现代水面舰船的外形都设计成如下形式：干舷外张10～20度；上层建筑侧壁内倾7～15度；主甲板或第一层上层建筑处采用折角、不同倾角的面与面相交组成等形式，这样可减少20%～50%的RCS，有的甚至可减少80%左右。尽量减少暴露在露天空间的武器装备、电子探测设备、甲板机

> 图100 美国提康德罗加级巡洋舰（左）和朱姆沃尔特级驱逐舰（右）甲板以上及桅杆外形对比

械、舾装件及其他凸出体，同时应避免它们相互间形成角反射体。

如提康德罗加级巡洋舰和朱姆沃尔特级驱逐舰甲板以上及桅杆进行外形对比，后者显著地减少了雷达波反射，达到了隐身设计的目的。

吸波涂料的应用

减少目标在雷达方向回波的方法之一是吸收入射的电磁波能量，通过吸收以减少由目标反射的有效能量。实际上舰船常常需要在那些外露的、不可避免而形成的角反射体上涂敷吸波材料。

舰船的外形、船体、上层建筑、桅杆和烟囱各方面做出努力，特别需要对舰表面上大量的小型非隐形部件（设备）进行外形处理。舰面上各类裸露的武器、传感器、小艇以至栏杆、通风头、电缆插孔等未经处理的凸出物和舷窗开口等部分会带来很大的影响和危害，在不可避免时应采取适当的位置选择、遮挡、屏蔽或涂敷吸波材料等措施来加以改善。

经过精心处理的舰船，其RCS可比按

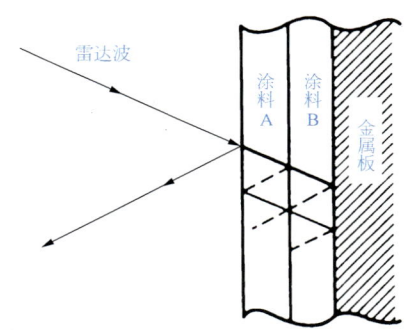

> 图101　吸波材料原理示意图

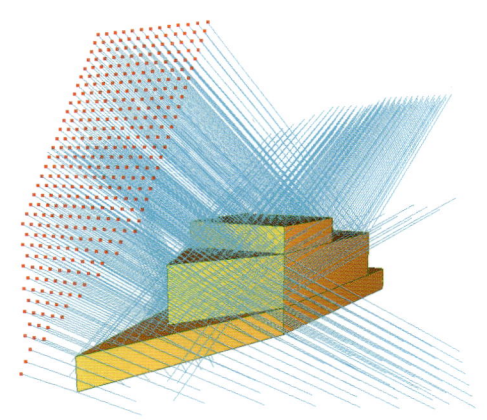

> 图102　射线跟踪示意图

结构型吸波材料是由吸波材料与非金属基体组成的复合材料，具有优良的吸波性能，而且质量轻、强度高，常常应用在舰体上层建筑的某些部位。在装备外形不能改变的前提下，这些吸波材料是实现隐身技术的物质基础。武器系统的外壳罩采用隐身材料可以降低被探测率，提高自身的生存率，增加攻击性，获得最直接的军事效益。

降低雷达信号特征的措施必须就整个

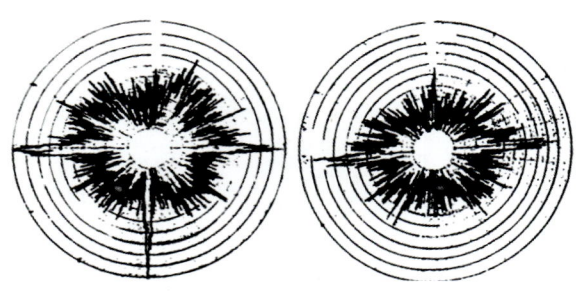

> 图103　隐身设计前（左）与隐身设计后（右）RCS曲线

常规设计的舰船的低一个量级,即缩减为不经处理的 1/10 左右,其效果十分明显。

声隐身

声隐身的目的是躲避声呐的探测和水中音响兵器(音响水雷、音响自导鱼雷等)的攻击。对驱逐舰等水面舰船的声隐身设计来说,主要是降低舰船的水下辐射噪声。主要噪声源包括机械噪声源、螺旋桨噪声源和舰体水动力噪声源等。提高声隐身可以降低敌方舰船主(被)动声呐的探测距离,同时提高本舰声呐的性能。

常用的减小水下辐射噪声的措施如下:选用结构振动加速度较小的主机与辅机设备,并对动力机械设备采取隔振措施(如双层隔振系统、浮筏技术等),对管路系统采用挠性连接;采用多叶片、大侧斜的螺旋桨;优化舰体及水下阵体的线形设计;减少舰体水下开孔等。

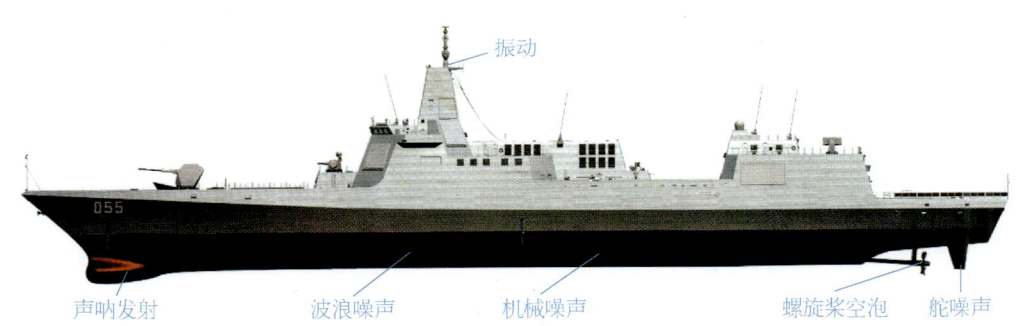

> 图104 舰船辐射噪声示意图

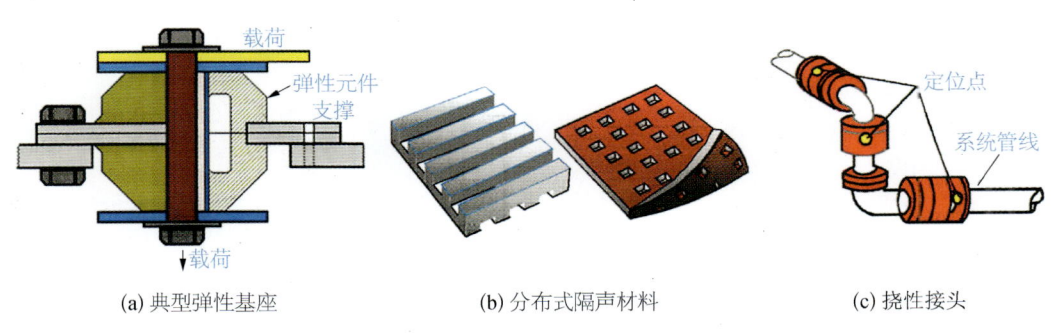

> 图105 减少噪声的主要措施

红外隐身

红外探测是现代海战中除雷达探测之外的另一种主要探测手段。由于水面舰船排热量大,而海上背景环境相对较冷且一致性较好,因此水面舰船的红外特征更易被探测与识别。再加上红外制导导弹只要接收一定强度的热辐射信号就能有效命中目标,红外辐射特征已成为水面舰船防御中一个突出的问题。

水面舰船的红外信号源(或称过热区)可分为内部和外部两种。内部红外信号源的热量主要来自主机,尤其是发动机和发电机。舰船表面也会成为较强的红外信号源,即外部红外信号源。外部红外信号源由舰船表面吸收、反射周围环境的热辐射(如来自太阳、大气和海水的辐射)所产生。为提高舰船的生存能力,就必须采取红外抑制措施。

舰上的烟囱是内部散发热量的主要排放途径。近年来采用舷侧排气来改变散热的方向,同时用海水而非空气吸收主要的排放热量,对降低红外辐射特性具有良好的效果。外部的红外特性辐射值往往可以

> 图107 舷侧排气口

> 图106 舰船红外图像

通过海水表面喷淋来达到减小的目的。良好的烟囱排烟降温设计往往能避免烟囱排烟温度偏高、消除过热区，可降低舰船的红外信号特征。

磁隐身

现代驱逐舰基本上都采用钢铁建造，而舰内的主机、辅机与各种设备以及舵、锚、武器基本均是由钢铁制造，且分布在全舰各个舱室与甲板上，整个舰形成了一个具有复杂结构的庞大铁磁体。

这种由强磁性材料所构成的钢制船体，在建造时和交舰后的航行服役过程中，始终受到地球磁场的磁化，使舰体周围产生了舰船磁场。这种舰艇磁场和地球的地磁场同时存在，在局部空间形成了叠加于地磁场的附加磁场，这样便使本来均匀分布的地磁场在舰船船体附近的局部空间产生了畸变。

舰船的消磁是对舰船磁场进行抵消和补偿的措施，是在舰上专门敷设一个固定的消磁绕组（专门设计的按舰船磁特性分布敷设的特殊电缆），是海军舰船特有的一种设备系统。舰船通过对消磁绕组的调整，以获得良好的磁隐身效果。消磁的测试调整需要在配有专门设施的消磁场所进行。

> 图108　正在消磁站进行消磁的驱逐舰

各司其职

兼容性

电磁兼容性

驱逐舰的各类系统和设备多达数百套，集成为一个大的作战平台，一方面要充分发挥其本身的技术特性，另一方面也要充分考虑到舰上有限的特定空间和物理环境，使相关的各系统和设备在一定条件下能相互兼容，确保其能发挥必须完成的功能。

随着各种技术的发展，舰船在有限的空间范围内，设备的数量急剧增加，而且设备的发射功率也越来越大，接收机的灵敏度也越来越高，而每一种电子设备都有

> 图109 军用舰艇上的众多电子设备

最适合的工作频谱要求和工作时间要求，因此在有限的空间、时间、频谱范围内的拥挤度越来越高，电磁环境越来越恶化。

电子设备的工作会产生电磁干扰问题，它不但可能产生影响到舰上各类装备战术技术性能的有效发挥，还对舰上燃油、弹药和人员的安全带来很大隐患。

声兼容性

水声兼容性

舰上的水声系统和水声对抗系统是驱逐舰等水面作战舰船重要的反潜（潜艇、鱼雷等）作战的武器装备。作为系统组成中的声呐等水下侦听设备常常处在本舰自己产生的噪声干扰环境中，为了确保装备性能的发挥，各水下侦听设备必须有良好的工作条件。

保证水声设备能在良好的环境下工作，必须做出两个方面的努力：

（1）尽力减小本舰的自噪声，包括本舰的机械噪声、螺旋桨噪声和水动力噪声。

（2）如同电磁兼容性设计一样，协调控制好舰上众多的水声设备（如装于舰艏部球鼻艏内的综合声呐阵，装载于舰艉部的可变深度探测声呐阵和拖曳声呐阵等）和水声对抗设备（如拖曳于艉部的鱼雷报警声呐、投放式鱼雷诱饵和鱼雷干扰装置等）的兼容性设计，不使其在使用的频谱内和时间内相互干扰和误判。

空气声兼容性

舰船的空气声是指空气介质中人耳可以听到的频段内的噪声。如果舰员长期处在过高的空气声环境中，会使人注意力不集中，影响工作效率，使人心烦意乱，严重的还会引发疾病。空气声太大还会影响舰员间的语言交流，而舰上的各类声响提示和报警装置的声信号也容易被空气声所淹没，影响正常的作战任务与防护措施的进行。

舰船空气声主要是由舰上设备的工作所引起的。这些噪声源不但直接向空气中辐射噪声，而且由它们产生的振动经基座传递到船体构架，再由船体构架中薄弱的板材振动向空中辐射噪声。

对这类机械噪声的控制除了要努力做好减振降噪的设计之外，还应采取必要的隔离和防护措施。例如舰用燃气轮机具有功率大、启动快等很多优点，但它在工作时由于气流的湍动而产生的空气声级十分高，因此在美国和中国的驱逐舰上都配备了燃气轮机的隔声罩，以箱装体的形式装舰。

> 图110　LM2500是最早采用箱装体结构以隔离空气声的舰船燃气轮机

目前在驱逐舰上的发动机箱装体装舰技术已扩大到了推进柴油机和发电机组上，为舰员的工作和生活提供了较好的条件。

 火力兼容性

驱逐舰上有多种火力发射武器。当两个或两个以上的武器同时使用时，如舰上的导弹发射和火炮密集发射，为避免或消除在对目标交叉射击时于近距离内可能出现的危险和不利影响，必须采取火力兼容的措施。

在舰船设计时，必须优化舰载武器位置的布置及武器安全射界，避免不同武器同时或交叉射击时的互相干扰。必要时还应在舰上设置舰载武器的火力控制设备，或在作战指挥控制系统中设置舰载武器的火力兼容控制单元，合理确定不同武器射击的空间安全域和事件安全域。综合权衡确定不同武器的有限使用级别，采取多种有效的硬件与软件安全控制技术措施，确保舰上武器在同时使用时的火力兼容及本舰的安全。

安全可靠

保障性

舰船发展到今天，其性能日趋先进，结构也日渐复杂，因而舰船保障工作的难度也越来越大，保障费用也越来越高。舰船执行任务远离岸基，出航时间长，各种任务状态（巡航、交战、锚泊）交替进行，要求舰船装备在使用中少出故障，一旦出现故障应能在海上及时修复，及时投入航行。因此舰船装备作战效能的发挥更加需要有良好的保障性，它是制约舰船装备发展的瓶颈。

属于保障性范围内的，除了装备的可靠性外，还有装备的可维修特性、使用安全性、需要执行任务时的可用性、故障发生时的可检测性和环境的适应性。

一艘驱逐舰的使用寿命（即服役年限）一般为25年左右。在整个使用寿命期内，大概有1/3的时间是在海上航行或战斗中度过的。期间为了保证舰船的航行与作战性能，还需进行几次小修、中修和大修，目的都是为了保障军舰能始终保持原来规定的使用性能。

一艘驱逐舰装备有成千套的设备，要

使它们能正常、可靠地工作，不在关键使用时发生故障，就必须在舰船的设计和制造阶段，对舰上的各类装备提出可靠性的工作要求，提高它们在使用中不发生故障的概率以及缩短发生故障后的修复时间。保障性已和舰船的航海特性与作战性能一起成为舰船在使用中最重要的指标之一。美国曾经统计过，装备使用过程中的使用费与保障费已占用了海军装备开支的一半或以上。

2018年6月21日，德国"萨克森"号舰在进行防空实弹训练时，一枚"标准-2"防空导弹从舰上垂直发射时弹射升空失败，在发射箱内点火燃烧，造成了舰的严重损伤。

"萨克森"号舰是德国在21世纪初新入役的主力军舰，它特别注重提高生命力的设计理念，采取了很多新的指施来提高军舰在遭受破损和核生化攻击时的生存能力。但6月21日的事故表明，它的防空导弹或其垂直发射系统的可靠性出了问题，酿成了大祸。虽然由于其良好的生命力设计而没有导致军舰的爆炸或沉没，但如果事故发生在战斗中，造成的损失同样是不可想象的，这也充分说明了可靠性设计的重要意义。

> 图111 德国"萨克森"号舰烧焦的舰桥和甲板

第5章
中国驱逐舰的发展历程

中国是海洋大国，拥有辽阔的海域、绵长的海岸线，需要一大批像驱逐舰这样的"国之重器"来守护。中国海军建立后，为了让祖国的万里海疆不受侵犯，一直将驱逐舰的发展放在非常重要的位置，大家心里都藏着一个"大驱梦"。

2017年6月28日，这是一个值得所有中国人铭记和自豪的重大日子，因为在这一天，由中国自主设计建造的新一代大型驱逐舰——刃海级万吨驱逐舰终于下水了。

"大驱梦"终于实现了。从艰难起步到自主研制，从奋起直追到跻身主流再到世界先进，中国驱逐舰的发展经历了从无到有、从弱到强的历程。回顾这近70年的发展历程，虽然无比艰辛，但却十分辉煌。

艰难起步

中华人民共和国成立初期的"四大金刚"

中华人民共和国成立初期，我国海军尚处于起步阶段，装备的都是一些老式小排水量的炮艇，缺乏像驱逐舰这样的"大家伙"。为了尽快列装驱逐舰，也为我国后续的自主研制积累经验，中国决定向苏联购买4艘愤怒级驱逐舰，这就是我国最早的驱逐舰——鞍山级驱逐舰。鞍山级驱逐舰的装备壮大了当时中国海军的总体实力，拉开了中国海军驱逐舰的发展序幕，改写了中国海军没有驱逐舰的历史。

艰苦谈判，曲折购舰

1950年初，我国还没有建造千吨级大型战斗舰船的能力，拟准备向西方国家购买部分舰船。对于采购舰船的计划本来令西方一些国家很感兴趣，但随着国际政治局势的风云变幻，一些本来谈好的购舰计划也随之取消。我国只有将采购舰船的目光投向了"老大哥"苏联。

1952年4月，海军司令员率团赴苏联莫斯科谈判购买驱逐舰等海军装备。经过艰苦谈判，中方终于与苏联正式签约，苏联将4艘愤怒级驱逐舰出售给我国。

于是这4艘参加过二战的老旧驱逐舰（"果敢"号、"神速"号、"勤奋"号、"凛冽"号）安家落户到了中国；并

第5章 中国驱逐舰的发展历程

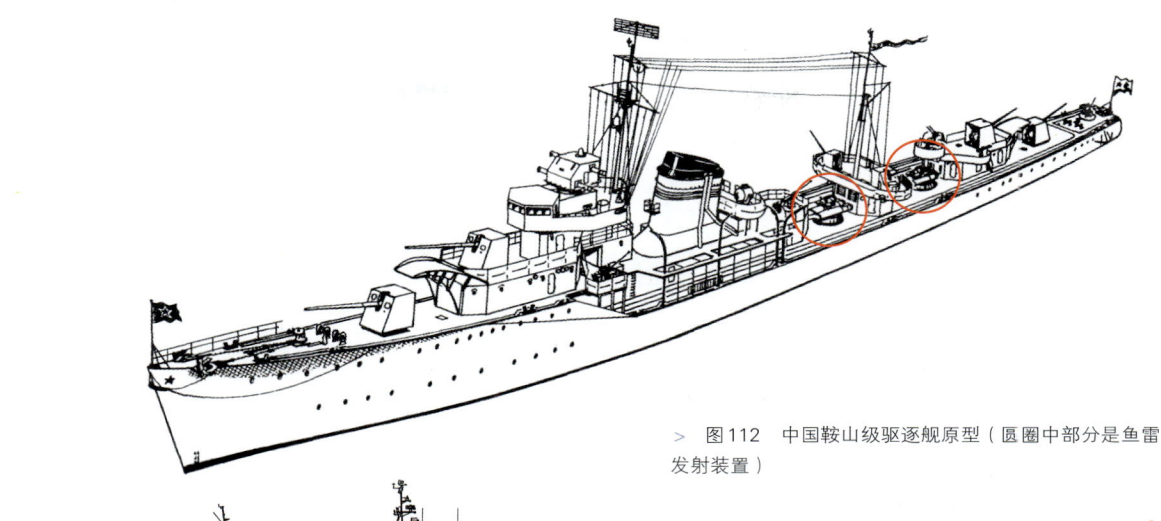

> 图112 中国鞍山级驱逐舰原型（圆圈中部分是鱼雷发射装置）

> 图113 改装后的中国鞍山级驱逐舰（圆圈中原有的鱼雷发射装置已换装为国产的SY-1反舰导弹）

经过改装，终于旧貌换新颜，成了中国最早的一批驱逐舰——鞍山级驱逐舰（北约代号），分别命名为"鞍山"号、"抚顺"号、"长春"号、"太原"号，还被誉为中国驱逐舰的"四大金刚"。

> 图114 中国鞍山级驱逐舰首舰"鞍山"号

小贴士

北约代号

北约代号全称NATO reporting name，主要是指冷战时期以美国为首，联合西欧各国参加的北约组织给对手武器起的绰号，"享受"这种待遇的主要是以苏联为核心的参加华约组织的东欧国家以及中国。

因为保密传统，无论华约还是中国都不会对外透露武器的真实型号，这是北约代号之所以存在并不断发展的基础。虽然目的是便于北约掌握情报，但北约代号体系实际上也成了很多中国军事爱好者的启蒙资料。

冷战结束后，这套代号体系存在的必要性逐渐减少，但仍然保持更新，比如我国海军首级大型驱逐舰被称为"Renhai class"，即刃海级（又称仁海级）。

> 图115 中国鞍山级驱逐舰"抚顺"号

> 图116 中国鞍山级驱逐舰"长春"号

第5章 中国驱逐舰的发展历程

> 图117 中国鞍山级驱逐舰"太原"号

主要武器装备

由于我国鞍山级驱逐舰的设计年代比较久远,所以其武器配置还停留在二战水平,完全依靠舰炮作为打击手段。但是与当时我国其他舰船相比,其火力已经算是非常强大了。

鞍山级驱逐舰的主炮采用的是苏联20世纪30年代研制的130毫米/50倍径B-13低仰角舰炮。这种最初设计安装在驱逐舰上的火炮由于适应性较好,也被用来装备在内河的其他小型舰船上,甚至可以当成岸炮使用。

在防空方面,鞍山级驱逐舰配置了

> 图118 演习中的"鞍山"号驱逐舰

> 图119 辽东半岛演习中的"鞍山"号和"抚顺"号驱逐舰

76.2毫米/55倍径34-K中型防空炮和37毫米/67.5倍径70-K近程防空炮,均为苏联在二战前研制,其中34-K还是一些小型舰船的主炮。

在反舰作战方面,除了主炮以外,原版鞍山级驱逐舰还配置了533毫米D-4蒸汽瓦斯鱼雷。后期经过改装,将三联装鱼雷发射装置替换成了由中国自主研制的双联装SY-1反舰导弹,提升了鞍山级驱逐舰的反舰能力。

服役半百,人才摇篮

当然,与我国现在最先进的万吨级驱逐舰相比,当时还是我国海军顶梁柱的鞍山级驱逐舰在今天只能算"小弟弟"了。

第5章　中国驱逐舰的发展历程

> 图121　退役后的"长春"号驱逐舰的斑斑锈迹向人们诉说着我国海军昔日艰苦奋斗的峥嵘岁月

> 图120　退役后停泊在青岛海军博物馆的"鞍山"号驱逐舰作为爱国主义教育基地继续发挥着余热

但在中华人民共和国成立初期，在我国没有独立设计和生产驱逐舰能力的情况下，作为我国驱逐舰的"开路先锋"，这4艘鞍山级驱逐舰是中国驱逐舰后来发展的基石。

在其长达半个世纪的服役历程中，在培养驱逐舰人才、积累使用经验等方面都发挥了重要作用。直到20世纪70年代初我国诞生了自主研制的第一代驱逐舰——旅大级驱逐舰为止，鞍山级驱逐舰一直是中国海军最大的水面战斗舰船。此后通过换装对海导弹发射装置，鞍山级驱逐舰一直坚守岗位到20世纪90年代才光荣退役，堪称世界上服役时间最长的驱逐舰。

自主研制

第一代驱逐舰

20世纪50年代，尽管我国通过购买拥有了4艘鞍山级驱逐舰，但由于驱逐舰数量少，以及舰上武器装备还较落后等原因，我国的驱逐舰活动范围通常还是在近岸海域游弋，无法满足建立领海到"第一岛链"的制海能力。为了改变这种情况，自主研制中国第一代驱逐舰且尽快量产化势在必行。

20世纪60年代，考虑到我国洲际运载火箭海上试验护航警戒任务的需要，中国自主研制驱逐舰的工作正式展开。经过10多年的艰苦奋斗、反复论证，攻克了动力、武器装备、电子等系统的各种难题，终于在1971年，旅大级驱逐舰首舰"济南"号建成服役。

自主研制，艰难起步

自主研制驱逐舰的需求很明确、很紧迫，但困难也很大。鉴于当时中国的船舶工业基础还很薄弱，在驱逐舰的设计建造方面无经验，为了降低设计风险，我国与苏联合作，获得了部分苏联科特林级驱逐舰的设计资料。

但是正当我国准备以此为基础开始研发设计时，1960年国民经济遇到了困难。尽管如此，考虑到驱逐舰对于国家海防的重要性，在财政极度困难的情况下，国家

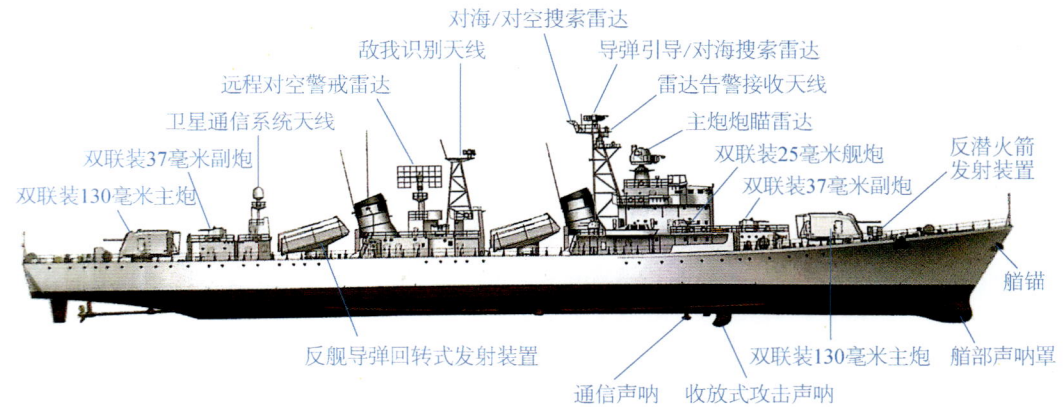

> 图122 中国旅大级驱逐舰主要武器装备示意图（改装前）

第5章 中国驱逐舰的发展历程

> 图123 中国旅大级驱逐舰首舰"济南"号（艉部已改装有直升机库）

还是拨出了大量经费用于第一代驱逐舰及其相关配套设备的研发。正是在如此艰难的条件下，我国踏上了自主研制第一代驱逐舰——旅大级驱逐舰的道路。

旅大级驱逐舰整体布局合理、紧凑，在相当长的一段时间内是我国海军拥有数量最多的驱逐舰，从首舰"济南"号开始一共建造了十几艘。

旅大级驱逐舰改变了当时中国海军大中型水面舰船严重不足的困境，也拉开了我国自行研制驱逐舰的大幕，在我国驱逐舰发展历程中具有里程碑意义，为我国后续驱逐舰的研发奠定了良好的技术基础。

合理借鉴，独特设计

那么与苏联科特林级驱逐舰以及我国最早的鞍山级驱逐舰相比，我国自主设计的第一代驱逐舰又有着哪些特点呢？

"第一岛链"

"第一岛链"指的是位于西太平洋，北起日本群岛、琉球群岛，中接台湾岛，南至菲律宾、大巽他群岛的链形岛屿带。"第一岛链"不仅有着地理上的含义，还有着政治军事上的内容。20世纪50年代，美国国务卿杜勒斯提出的岛链战略，用途是围堵亚洲大陆，对亚洲大陆各国形成威慑之势。

> 图124 中国旅大级驱逐舰"西安"号

排水量增大,适合远洋航行

考虑到远洋航行的需要,相较于苏联科特林级驱逐舰、中国旅大级驱逐舰,在舰桥、舱室空间、排水量等方面进行了改进和优化。如增大了舰桥,配备了更多的设备;扩大了居住、操作室空间,改善了全舰的工作环境,以适应远洋海域多变的气候和海况;优化和调整了舰体艏部上层建筑的舱室,提高了舰船的安全性;增大了排水量,克服了科特林级驱逐舰航行海域限制,更适合承担远洋航行任务。

品字形导弹发射装置

中国旅大级驱逐舰在设计时采用我国"海鹰"导弹发射装置,这也是区别于科特林级驱逐舰最显著的特征,而原本科特林级驱逐舰上没有配置导弹类武器。为了避免导弹翼展占据横向空间过大而导致无法布置多发导弹的问题,中国旅大级驱逐舰设计师在布置"海鹰"导弹发射装置时巧妙地采用了品字形的布置方式。这样布置导弹发射装置可以说是一大创新,此前没有任何一种驱逐舰采用过这种布置方式。

岸炮改装上舰

中国旅大级驱逐舰的舰炮口径、布置与科特林级驱逐舰基本一致,但是当时我国并没有双联装130毫米舰炮可选用,因

> 图125 中国鞍山级驱逐舰（上）、苏联科特林级驱逐舰（中）、中国旅大级驱逐舰（下）对比

> 图126 "海鹰"导弹发射瞬间

> 图127 品字形反舰导弹发射装置

> 图128　中国旅大级驱逐舰配置了国产改造的130毫米舰炮

此在设计时选择了一种风险较小的设计方案，即对引进仿制的130毫米海岸炮进行改装后再上舰。

具体方案是通过光学矢量瞄准装置实现瞄准，由舰桥上的校射雷达和光学指挥仪控制炮塔随动射击实现对海目标的打击，同时补充研制了火炮稳定系统和扬弹系统。经过反复研究和改进，最终这个方案在1976年定型，成功实现了岸炮改装上舰。

> 图129　61式双联装37毫米舰炮

第5章　中国驱逐舰的发展历程

> 图130　中国旅大级驱逐舰早期装备的双联装25毫米舰炮

空系统乃至全新的综合作战指挥系统的研制提供了宝贵经验。

三坐标雷达上舰，现代特征

相比于鞍山级驱逐舰，中国旅大级驱逐舰配备了现代化的雷达系统，包括大中型水面舰船的火控雷达和远程警戒雷达。

远近警戒，防空初探

对于世界各国海军来说，20世纪60年代是驱逐舰防空系统发展的转折时期。反舰导弹与高速喷气式战斗机已经成为水面战斗舰船最主要的威胁。

但由于当时我国尚无新型舰空导弹，因此中国旅大级驱逐舰还是采用了密集的高射炮火力来拦截空中目标，在其前后甲板室和后舰桥两侧平台上各装有1门37毫米舰炮，在两舷侧分布数门双联装37毫米舰炮，这些数量众多的火炮构成了交叉火力区域。另外，在前舰桥两侧配备有数门双联装25毫米舰炮，用于加强两舷的防空火力密度。

中国旅大级驱逐舰是当时世界上高射炮数量最多的驱逐舰之一，其在防空配置的思考、设计和使用上，为我国后续防

小贴士

驱逐舰常用雷达的分类

现代驱逐舰上常用雷达按照战术任务可分为以下几类：

警戒雷达：发现远距离飞机、舰船和导弹，测定它们的位置，并及时把情报送达战斗部队。超远程警戒雷达的作用距离可达数千千米，可专门用来探测洲际导弹和空间飞行器等目标。

三坐标雷达：由普通两坐标雷达和测高雷达组成。测高雷达波束扁平，在空中做俯仰扫描，通过回波测量目标的高度。

火控雷达：包括炮瞄雷达和制导雷达。炮瞄雷达是一种精度很高、具有自动跟踪目标能力的雷达，锁定目标后通过连续向射击指挥系统发送目标的坐标信息，供火炮射击用；制导雷达同样也是精密跟踪雷达，通过驾束制导、指令制导和全程末端制导等方式来控制己方导弹准确打击目标。

导航雷达：主要用于保障舰船在江河海洋航行时的安全，防止碰撞，并根据地物目标测定船的位置，进行导航。

派生不同型号，开展各种功能初步尝试

中国旅大级驱逐舰除了其基本型外，还在后续驱逐舰的建造中根据不同需求派生了许多不同的功能。如有的增加了初步指挥功能的带封闭式指挥驾驶桥楼，有的

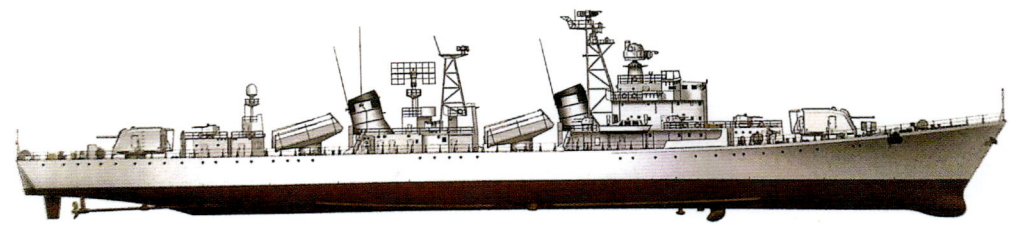

（a）旅大级驱逐舰交付时状态

（b）旅大级驱逐舰首舰"济南"号在艉部改装设置了直升机库

（c）装备有三坐标雷达（圆圈内）、具有编队指挥功能的驱逐舰

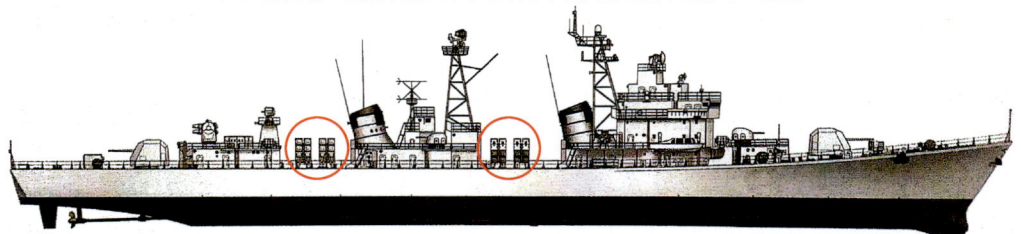

（d）加装了更先进的YJ-83反舰导弹发射装置（圆圈内）的驱逐舰

> 图131　旅大级驱逐舰主要改装和改型示意图

尝试加设直升机舰面系统，有的配备了国产HHQ-7防空导弹和改进了的作战系统等。

为了区别改装前后的旅大级驱逐舰，可分为改装前的旅大Ⅰ级驱逐舰、具有作战指挥功能的旅大Ⅱ级驱逐舰和加装了国产YJ-83反舰导弹的旅大Ⅲ级驱逐舰。其中值得一提的是旅大级驱逐舰"合肥"号配装了1部三坐标远程对空警戒雷达，同时新增了情报中心和作战指挥系统，成为我国第一艘具有作战指挥功能的驱逐舰，可担任远洋编队的旗舰。

这些有益的尝试为我国开展新一代驱逐舰的建造奠定了良好的基础。

> 图132 "济南"号驱逐舰艉部机库

> 图133 具有封闭式指挥桥楼、带有指挥功能的旅大级驱逐舰"合肥"号

> 图134 旅大级驱逐舰"重庆"号与苏联巡洋舰狭路相逢

奋起直追
第二代驱逐舰

第一代驱逐舰——旅大级驱逐舰的建造，宣告了我国海军依赖购买国外主力战斗舰船时代的终结，体现了我国舰船研制理念和建造技术的巨大进步，为我国海军水面舰船的现代化发展奠定了坚实的基础。但由于受当时技术基础和国家经济条件限制等原因，我国第一代驱逐舰逐渐暴露出防空、反潜火力和武器系统存在不足，需要研制新的驱逐舰。

第二代驱逐舰主要代际特征是有防空导弹，有舰载反潜直升机，有燃气轮机，全舰有高度自动化的集中式指挥系统。我国第二代驱逐舰的研制以20世纪90年代中期开始服役的旅沪级驱逐舰为代表，而稍后研制的旅海级驱逐舰以及引进的现代级驱逐舰，按其技术进步的特征，也可纳入第二代驱逐舰的范畴。

旅沪级驱逐舰

旅沪级驱逐舰是我国自行研制的第二代驱逐舰的主要型号，共2艘，为"哈尔滨"号和"青岛"号。

为了提高在恶劣海况下的适航性，旅沪级驱逐舰采用了比第一代驱逐舰更为合理的主尺度与船型，动力机械和部分电子武器设备采购自欧美等西方国家，并首次采用了柴油机与燃气轮机交替使用的推进系统，实现了动力与电力系统的自动化控制。同时还配备了我国自行研制的自动化作战系统，具备较强的对海、防空和反潜作战能力，是我国海军序列中划时代的多用途导弹驱逐舰。

博采众长，吸收提高

20世纪70年代末期，在与西方的交往中，我国感受到了在驱逐舰武器装备和技术方面的差距。于是在中国第一代驱逐舰的后续舰上陆续开始引进西方的一些先进设备和技术，如"海响尾蛇"防空导弹系统、"海虎"对空/对海搜索雷达等相关装备。

另外，我国也通过在第一代驱逐舰上对火控、反舰导弹、防空火炮、直升机库与起降甲板等方面进行自主改造，极大地提高了这些系统的性能。

在经过长时间的积累和准备后，中国第二代驱逐舰——旅沪级驱逐舰首舰"哈尔滨"号终于在1988年正式开工建造。该舰于1991年6月下水，1994年5月服役。由于"哈尔滨"号是当时我国最先

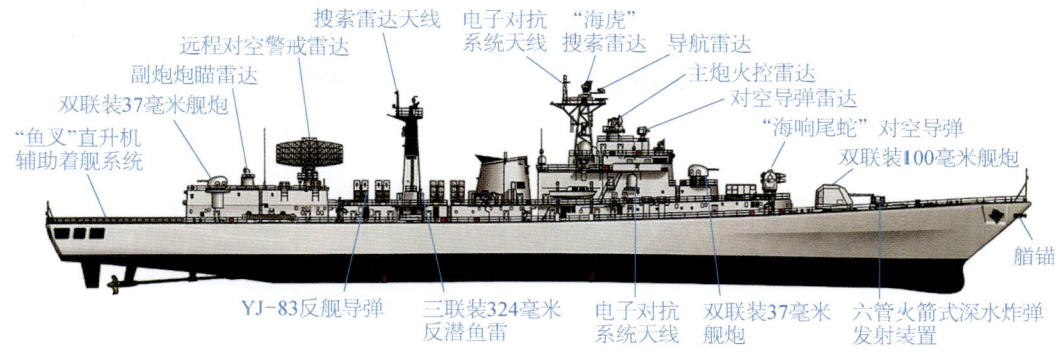

> 图135 中国旅沪级驱逐舰主要武器装备示意图

进的第一艘以全新水平设计建造的驱逐舰，因此该舰获得了"中华第一舰"的美誉。

紧跟"哈尔滨"号诞生的是同级二号舰"青岛"号驱逐舰。该舰于1991年开工，1996年5月服役。

> 图136 旅沪级驱逐舰首舰"哈尔滨"号

全新设计，跨越式发展

第二代驱逐舰与第一代驱逐舰相比，旅沪级驱逐舰在舰体设计、动力、作战系统等方面都有了跨越式的提高。

舰体布置均衡，展现中国风格

旅沪级驱逐舰是我国自行完成总体设计的驱逐舰。从外形上看，该舰的舰体采用外飘式船舷、飞剪式舰艏，上层建筑与武器装备设施的布置较为均衡，并采用了全通式甲板，整体上已经与以往苏联式的布局有了显著的区别，同时也与西方驱逐舰布局差别明显，可以说具有了中国自己的风格和特点。

动力系统先进，自动化程度大幅提高

旅沪级驱逐舰是我国第一型采用柴燃联合推进动力系统的驱逐舰，自动化程度比以往高出许多。同时，旅沪级驱逐舰的机舱和发电机舱采用了集中监控系统和损管系统，大大提高了自动化指挥程度。

快速转化吸收，中国驱逐舰进入导弹防空时代

旅大级驱逐舰在防空作战方面采用的是密集高射炮拦截空中目标，而在旅沪级驱逐舰首舰上的防空系统则由引进的防空导弹系统、战术数据系统和雷达等构成，从而使旅沪级驱逐舰的防空能力有了巨大提升，这也是我国第一型从设计阶段就配置了导弹防空系统的驱逐舰。自此，中国驱逐舰淘汰了单纯依靠火炮防空的落后方式，正式进入了导弹防空的新时代。

对于引进的先进武器装备，勤奋聪明

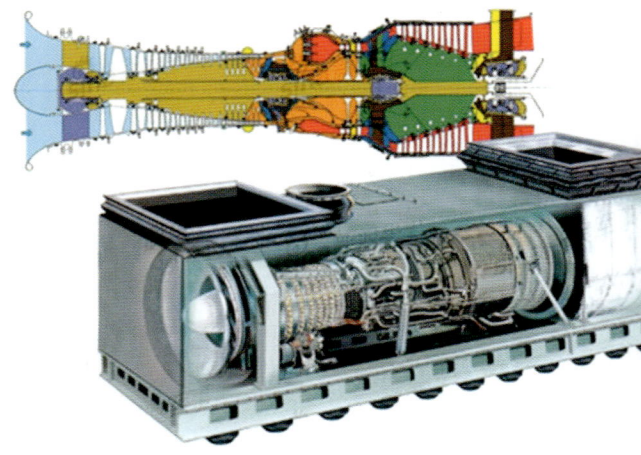

> 图137 旅沪级驱逐舰采用了性能强大的LM2500燃气轮机

的中国人不是照搬照用，而是走国产化道路。

在旅沪级驱逐舰二号舰"青岛"号上，对于部分引进的设备已经开始用国产化的装备代替，其中最重要的便是用技术和性能更加强大的国产化的"海红旗-7"

（HHQ-7）防空导弹替代了引进的"海响尾蛇"防空导弹，防空能力进一步提升。同时在2011年，旅沪级驱逐舰的雷达系统和电子对抗系统又进行了改造。

> 图138 旅沪级驱逐舰配置了国产化的HHQ-7防空导弹系统和新型100毫米舰炮

> 图139 改装前的旅沪级驱逐舰"青岛"号

> 图140 改装后的旅沪级驱逐舰"青岛"号

作战效能提升，作战指挥系统综合集成

在旅沪级驱逐舰建成之前，我国研制的驱逐舰上装备的武器系统都是单独工作的，互不联系，各系统间的协同作战仅靠指挥员的口令来实现，作战效能低下。而旅沪级驱逐舰拥有了现代化的作战指挥室（CIC），将所有侦测、火控、武器系统的显控系统设置其中，并通过作战系统完成整合，早期预警、实时判断、快速反应、武器结合、多目标接战以及分层攻击等能力较以往有大幅提高。

> 图141 旅沪级驱逐舰"哈尔滨"号发射火箭式深水炸弹

第5章　中国驱逐舰的发展历程

常规武器装备全面升级

旅沪级驱逐舰在反舰导弹、舰炮、火炮、直升机等常规武器方面，与第一代驱逐舰相比也是全面升级、亮点多多。

旅沪级驱逐舰在舰体舯部装备了中国自行研制的YJ-83反舰导弹，增强了小型化和超低空突防能力。在主炮方面，采用了新型双联装100毫米舰炮，与第一代驱逐舰配置的130毫米舰炮相比，这种舰炮在射程和精度相当的情况下重量更轻、射速更快。在近程防御武器方面，采用了第一代驱逐舰后期配置的新型37毫米火炮，2011年又换装为更为先进的新型近防炮。

旅沪级驱逐舰是中国第一型在设计阶段就配置了反潜直升机的驱逐舰，可搭载直9反潜直升机，同时舰艉安装了拖曳变深声呐用于反潜作战。

> 图143　旅沪级驱逐舰"哈尔滨"号正在执行舰机协同作战任务

> 图142　旅沪级驱逐舰舯部配置的YJ-83反舰导弹

 **旅海级驱逐舰**

在我国第二代驱逐舰的阵容中，有这样一艘特殊的军舰，它沿用了第一代驱逐舰的蒸汽动力推进系统和船型，但无论是总体设计还是舰船风貌都发生了脱胎换骨的变化。

作为我国海军序列中第一艘排水量突破5 000吨的大型水面战斗舰船，一度被媒体赋予了"神州第一舰"的光环，同时却"享有"了第二代驱逐舰中绝无仅有的"独生子"待遇——从自行研制开始，我

国陆续建造的各型驱逐舰（旅大级和旅沪级）都维持了至少2艘的建造规模，而它却成为唯一的例外，这就是旅海级驱逐舰"深圳"号。

海军司令的思考——"两条腿走路"

当旅沪级驱逐舰服役后，几乎所有人都认为柴燃联合动力装置将取代蒸汽动力装置成为我国海军大型水面舰船的新一代动力装置，然而时任海军司令员的刘华清却有更深层次的考虑。

外国的燃气轮机虽然技术先进，但当时要真正实现国产化生产，还有较长的路要走。一旦研制受阻，整个驱逐舰的生产线将因此陷入"梗死"的窘境。而蒸汽轮机作为当时国内唯一能为大中型水面主战舰船配备的动力主机，虽然有各种缺陷，但相关技术国内已经掌握，而且工作稳定、部队使用熟练、可靠性好、使用寿命长。

经过综合分析后，我国最终决定"两

> 图145 旅海级驱逐舰"深圳"号

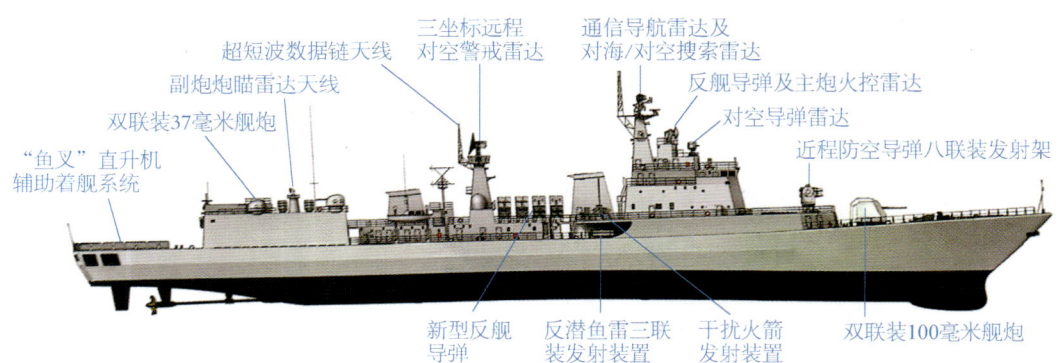

> 图144 旅海级驱逐舰主要武器装备示意图（改装前）

条腿走路"——一方面坚持燃气动力装备引进消化,另一方面继续蒸汽动力装备技术改进。

正是在这种背景下,旅海级驱逐舰"深圳"号诞生了。1995年12月"深圳"号开工建造,1997年10月下水,1999年2月服役。

稳健发展,夯实基础

旅海级驱逐舰在采用传统蒸汽动力系统的基础上对舰体平台进行了全方位的升级,这为该舰以后的改装、升级提供了很大的潜力与裕度。而更重要的是,通过旅海级驱逐舰的建造,我国保留了蒸汽动力装置的生产线,不但为后来的驱逐舰提供了不同的可选主机,也为后来我国发展首艘航母平台推进系统夯实了基础,体现了关键设备、核心技术要掌握在自己手上,这是我国成为海洋强国的必经之路。

外形简洁,颇具现代感

由于改进的蒸汽轮机系统自身在体积和重量上的要求,旅海级驱逐舰在舰体和尺度方面都有较大的扩展。与同样采用蒸汽动力装置的旅大级驱逐舰相比,全舰的排水量从3 000多吨的量级一跃提升到6 000吨的量级。宽大的舰体和较大排水量为舰上各种子系统,特别是众多的电子设备天线提供了充足的配置空间,甲板面天线不再拥挤、杂乱,整体外形已经颇具现

> 图146 旅海级驱逐舰（左）的上层建筑比旅大级驱逐舰（右）更加简洁合理

代感。

稳步推进，成熟的国产化蒸汽动力装置

旅海级驱逐舰采用的蒸汽轮机是在旅大级驱逐舰的型号基础上经过深度改良而成的，无论从结构设计还是制造材料都符合当时最新的国家标准。改进后的蒸汽轮机不仅重量减轻，而且油耗降低，提高了效率，这些都显示了我国蒸汽轮机研发技术的进步。

武器装备布置优化，整体作战效能提升

旅海级驱逐舰的研制目的主要是延续我国蒸汽动力的舰体平台，其主要改进体现在舰体平台系统，而舰载武器装备在技术、性能上与旅沪级驱逐舰基本保持了一致，部分进行了改进。但是通过布局的调整和优化，使其整体作战效能有了一定的

> 图147 旅海级驱逐舰发射HHQ-7防空导弹

> 图148 旅海级驱逐舰（左）和旅沪级驱逐舰（右）舰艏对比（圆圈内为暴露在外的再装填系统）

提升。

在防空作战方面，旅海级驱逐舰配置了国产改进型HHQ-7防空导弹，与布置在舰部机库顶端的4座双联装37毫米舰炮相呼应，同时配置了三坐标远程对空警戒雷达，构成了旅海级驱逐舰强大的、多方位的近程防空体系。舰舯部配置了4具四联装YJ-83反舰导弹发射装置。主炮采用了双联装100毫米速射舰炮。艉部配置了固定的机库与平台，可以携带2架直升机出海作业。舰舯部还装备了三联装反潜鱼雷发射装置。

改装升级，强化战力

旅海级驱逐舰服役后的维修期还进行了一次大规模的升级改装，使其综合作战性能又有了大幅度提升。其升级改装内容

> 图149 改装后的旅海级驱逐舰舯部的导弹垂直发射装置和后桅杆顶球形雷达罩是最明显的特征（圆圈部分）

> 图150 旅海级驱逐舰外出访问

主要如下：用导弹垂直发射装置代替了HHQ-7防空导弹，可发射防空和反潜导弹；用新型11管30毫米近防炮取代了双联装37毫米火炮；换装了新型的反舰导弹和新型对空/对海搜索雷达。这些成功的改装都要归结于旅海级驱逐舰优秀的平台升级潜力。

> 图152　旅海级驱逐舰与美国提康德罗加级巡洋舰同时上镜

 引进的俄罗斯现代级驱逐舰

20世纪末，随着国际局势变化和严峻的海防形势。我国虽然自主研发建造了旅沪级和旅海级两型现代化驱逐舰，但为了提高驱逐舰整体水平，我国先后引进了4艘现代级驱逐舰，命名为"杭州"号、"福州"号、"泰州"号和"宁波"号。这4艘驱逐舰弥补了我国海军阶段性战斗力的不足，加强了海防，为我国驱逐舰向着具有区域防空能力的新时代过渡提供了保障。

引进的现代级驱逐舰的主要目的是用

> 图151　旅海级驱逐舰访问关岛基地

于加强防空、反舰作战。那么作为我国的主力驱逐舰之一，它又有着怎样的特点呢？

多层次火力打击能力

反舰作战是该级驱逐舰的主要任务，为此配备了 SS-N-22 "马斯基特"反舰导弹（2 具四联装固定式发射装置位于舰桥下主甲板的两舷）、双联装 130 毫米舰炮（位于艏艉甲板中线面，射界开阔）、6 管 30 毫米近防炮系统（前后上层建筑各 2 具）以及管装鱼雷发射系统等作战装备，构成了远、中、近的三层强大火力系统。

为了充分发挥 SS-N-22 反舰导弹的攻击威力，该舰在超视距目标探测、目标指示、实现多目标的同时攻击上做了重点实施和保证，可以说现代级驱逐舰把火力支援的作用发挥到了极致。

中近程防空的盾牌

防空作战是现代级驱逐舰另一个重要使命任务，为此该舰装备了 SA-N-7 "施基利"中程防空导弹系统，可有效拦截中低空高速飞行的威胁目标。同时，4 具 6 管 30 毫米近防炮系统构成了密集的拦截火力网，用于消灭迫近目标。配合先进的三坐标对空搜索雷达和火控雷达，现代级驱逐舰成为中近程防空作战的强大盾牌。

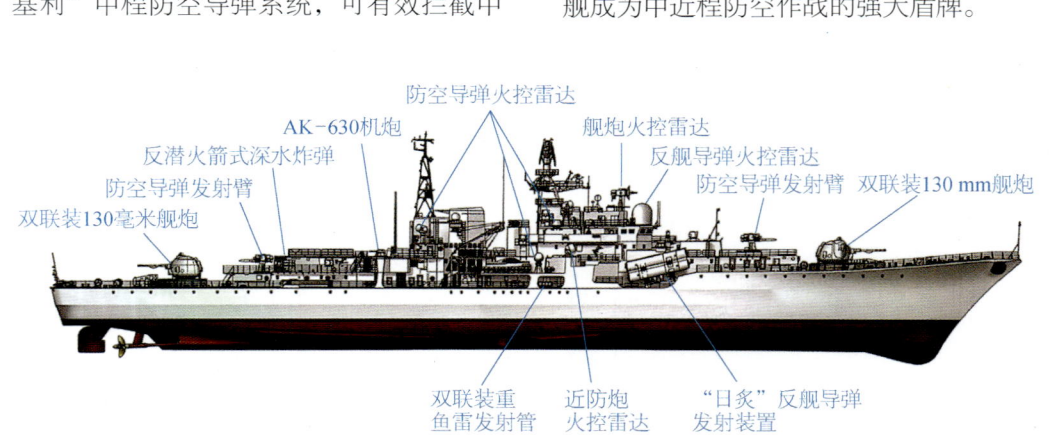

> 图 153　俄罗斯现代级驱逐舰主要武器装备示意图

第5章　中国驱逐舰的发展历程　　107

> 图154　现代级驱逐舰"杭州"号

> 图155　现代级驱逐舰"宁波"号

> 图156　现代级驱逐舰"泰州"号

其他主要武器装备

除了防空、反舰武器之外，现代级驱逐舰还配备了双联装重型鱼雷发射装置，同时在舰舯偏后处设置了伸缩式机库，可起降反潜直升机，这些使得现代级驱逐舰具备了一定的反潜作战能力。

> 图157　现代级驱逐舰"福州"号

驱逐舰

跻身主流
第三代驱逐舰

20 世纪90年代，我国第二代驱逐舰旅沪级虽已在造舰技术方面有了长足进步，但受我国科技水平落后及工业基础薄弱的影响，与当时国际先进的现代化驱逐舰相比仍有较大差距。此外，在旅沪级驱逐舰的设计建造中引进了一些西方国家标准的设备，由于受到西方武器禁运的影响，导致无法进一步开发后续型号。基于以上种种因素，我国又开始了第三代驱逐舰的研制征程。

我国第三代驱逐舰主要包括旅洋Ⅰ级、旅洋Ⅱ级、旅洲级以及旅洋Ⅲ级这4级多型驱逐舰。其中旅洋Ⅱ级首舰"兰州"号最具代表性，它是第一艘被誉为"中国神盾"的大型水面舰船，标志着我国海军第一次拥有了远程区域防空能力，实现了我国防空技术的重大跨越。

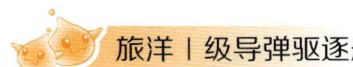

旅洋Ⅰ级导弹驱逐舰

旅洋Ⅰ级导弹驱逐舰作为我国海军新一代防空驱逐舰，采用了新的柴燃交替推进系统，并配备俄制"施基利"防空系统，使其具备了中程防空的能力。舰上的对空侦测、导弹火控、防空导弹等系统均与俄罗斯现代级驱逐舰相同。该级舰只建造2艘，分别是"广州"号和"武汉"号。

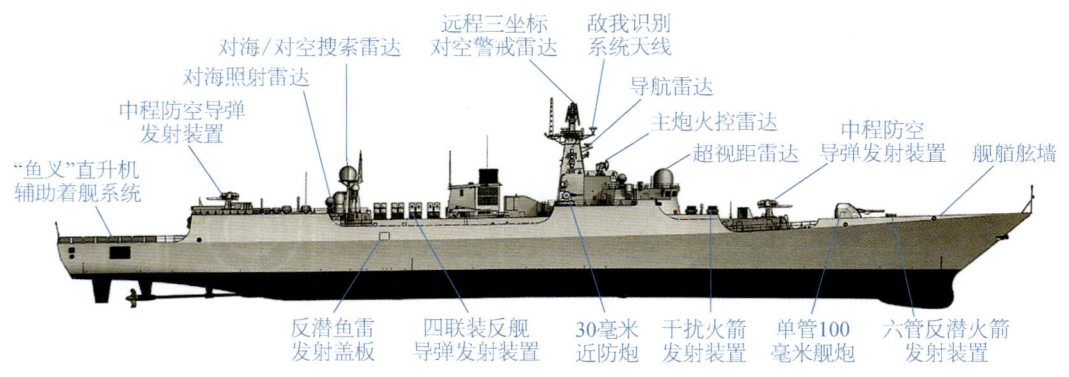

> 图158 旅洋Ⅰ级驱逐舰主要武器装备示意图

第5章 中国驱逐舰的发展历程

为提高海军舰艇编队执行任务时的防空能力,旅洋Ⅰ级驱逐舰在加快国产化武器装备研制的同时,引进了一些区域防导弹系统,以及与之配套的雷达系统等装备,大大提升了该舰的各项性能。

柴燃交替推进

旅洋Ⅰ级驱逐舰采用了柴燃交替推进系统(CODOG),燃气轮机配套设计的大型进气室位于烟囱的前部。其中,燃气轮机从乌克兰引进,柴油机则采用了2具国产化的德国MTU-20 V956 TB92柴油机。

"灰熊"舰空导弹

旅洋Ⅰ级驱逐舰的亮点在于防空能力的加强。其使用的防空导弹是北约代号为"灰熊"的SA-N-12,整套系统命名为"施基利",为海基的改进型。同时配置了高性能对空搜索雷达。弹如其名,这套防空导弹仿佛是一只"灰熊"用庞大的身躯保护着全舰的安全,用灵活"熊掌"拍走空中的威胁。

> 图159 旅洋Ⅰ级驱逐舰"广州"号

> 图161 旅洋Ⅰ级驱逐舰采用的GT-25000燃气轮机

> 图160 旅洋Ⅰ级驱逐舰"武汉"号

"鱼叉"直升机辅降系统

旅洋Ⅰ级驱逐舰在舰艉部设置了一座直升机库,并配备了"鱼叉"直升机辅降系统。该系统在直升机降落时可以迅速捕捉直升机的位置并利用"鱼叉"式格栅着舰装置将直升机迅速固定,大大提高了直升机的工作效率。旅洋Ⅰ级驱逐舰同时配备了舰面上的助降网,可着降直升机。

中俄混搭的各式武器装备

旅洋Ⅰ级驱逐舰是部分武器系统采用了国产装备。主炮采用了100毫米舰炮,装备了国产YJ-83反舰导弹。此外还配备了三联装鱼雷发射装置。

> 图162 "灰熊"防空导弹

 旅洋Ⅱ级导弹驱逐舰

进入21世纪后,以美国阿利·伯克级驱逐舰为代表的载有"宙斯盾"系统的"神盾"舰,以强大的区域防空以及反弹道导弹的能力,逐渐成为世界各国海军发展的主流。我国虽引进了现代级驱逐舰和自行研制了旅洋Ⅰ级驱逐舰使我国海军的防空能力有了显著提升。

为了维护海洋安全,建设新世纪的海洋强国,自行研发具有区域防空能力的驱逐舰必不可少,中国需要自己的"神盾"舰。

正是在这种背景下,我国开始了第三代驱逐舰最具代表性的舰级——旅洋Ⅱ级驱逐舰的研制。该级舰首次配备了相控阵雷达系统以及垂直发射防空导弹系统,是我国海军乃至世界上第一种安装四面大型主动相控阵(有源电子扫描阵列)雷达的舰船,使我国海军第一次拥有了远程区域防空能力,被国内军事爱好者称为"中华宙斯盾"或"中华神盾"舰。

正是从旅洋Ⅱ级驱逐舰开始,我国海军跻身国际主流,正式进入了"神盾"舰时代。

旅洋Ⅱ级驱逐舰采用旅洋Ⅰ级驱逐舰相同的舰体,从而提高了两者的通用性。但与旅洋Ⅰ级驱逐舰相比,旅洋Ⅱ级驱逐舰实现了许多技术跨越和改进。如为了容纳相控阵雷达天线,旅洋Ⅱ级驱逐舰上层建筑经过调整后抬高了舱楼,舰体的尺度也略微放大;在旅洋Ⅱ级驱逐舰桅杆上布置着众多球形天线罩,包括跟踪雷达、电子战系统等,其动力系统也着手国产化。

技术跨越大、较具前瞻性的旅洋Ⅱ级驱逐舰成为我国海军具有划时代意义的防空驱逐舰。

驱逐舰上的"左轮枪"——导弹垂直发射系统

旅洋Ⅱ级驱逐舰的一大亮点便是配置了垂直发射的"海红旗-9"(HHQ-9)防

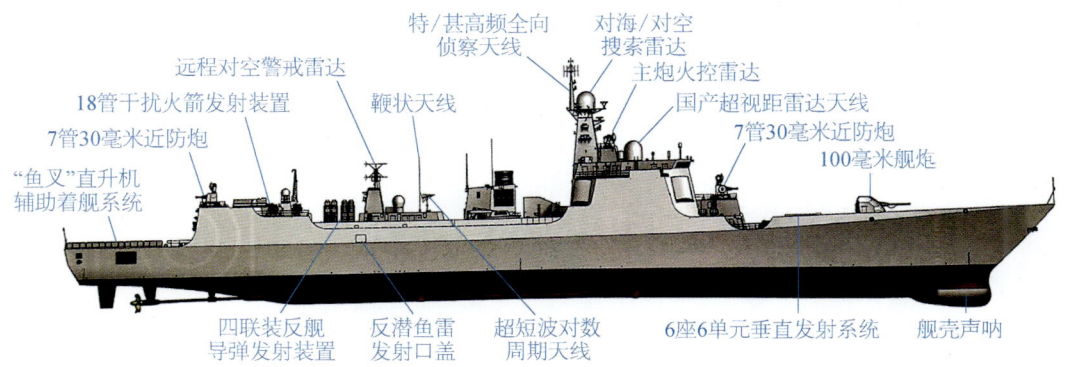

> 图163 旅洋Ⅱ级驱逐舰主要武器装备示意图

> 图164 旅洋Ⅱ级驱逐舰首舰"兰州"号

空导弹系统。HHQ-9是第三代防空导弹系统，具有杀伤空域大、抗干扰和抗多目标饱和攻击能力强的优点。HHQ-9采用了集束式的发射布置方式，外形酷似左轮手枪的转轮，但每发导弹都有独立的发射口。相较于采取左轮式发射方式配置了8枚导弹却只有一个发射口的俄罗斯S-300型防空导弹，HHQ-9结构简单且发射更加高效。

相控阵雷达上舰，中国第一型"神盾"舰

旅洋Ⅱ级驱逐舰区别于以往我国驱逐舰的最大特点便是安装了四面大型主动相控阵雷达，天线外罩为弧形且明显向外凸出，布置于舰楼的四周。为了便于相控阵雷达的布置，旅洋Ⅱ级驱逐舰的舰楼呈八面体结构并采用了内倾式的隐身设计。与美国阿利·伯克级驱逐舰类似，与中心轴线呈45度夹角的4个斜面各布置有1具相控阵天线。

正是配置了相控阵雷达，旅洋Ⅱ级驱逐舰具有了我国海军前所未有的强大区域防空能力，标志着中国也有了自己的

> 图165 旅洋Ⅱ级驱逐舰艏部左轮式垂直发射装置

先进的海上作战指挥系统

旅洋Ⅱ级驱逐舰配备海上编队战役/战术型自动化指挥系统，这是我国海军自主研发并首次应用于大型水面战斗舰船的战斗和战场管理系统。在该系统中，全舰各个武器系统和电子设备通过模块化进行了统一集成，并由舰载高速网络系统进行各个系统的集中管理。此外，该系统还能在舰队之间进行综合通信与导航，实现快速敌我识别功能，并进行舰队、航空器与岸基单元的统一协调与管理。

旅洋Ⅱ级驱逐舰的计算机网络系统拥有强大的信息处理能力，可满足相控阵雷

> 图166 旅洋Ⅱ级驱逐舰舰桥四面相控阵雷达

> 图168 旅洋Ⅱ级驱逐舰控制室

> 图167 旅洋Ⅱ级驱逐舰上的反舰导弹发射装置

"神盾"舰。同时，中国也成为继美国之后第二个具备独立研制先进舰载作战系统的国家。

> 图169 旅洋Ⅱ级驱逐舰"郑州"号

114　驱逐舰

> 图170　旅洋Ⅱ级驱逐舰"西安"号

> 图171　旅洋Ⅱ级驱逐舰"海口"号

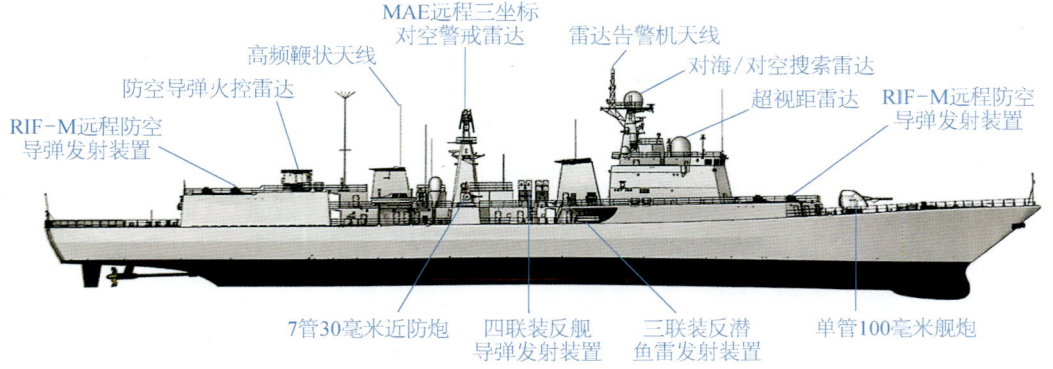

> 图172 旅洲级驱逐舰主要武器装备示意图

达大范围搜索以及多目标锁定和制导的要求。

而除了执行单舰作战任务外,它还能作为舰队旗舰协调各友邻部队与武器载具进行防空、反舰或对陆打击等协同作战任务。

旅洲级驱逐舰

旅洲级驱逐舰是我国海军的另一大型防空导弹驱逐舰,该级舰配备了被动相控阵(无源电子扫描阵列)雷达,主要防空武器为俄制RIF-M区域防空导弹系统,具备远程反弹道导弹能力。

旅洲级驱逐舰作为我国海军新一代防空驱逐舰的研制保障,它是为了防止后续新一代防空驱逐舰在研制过程中可能出现延误的局面而建造的,该级舰在相对较短的时间内投入服役并形成战斗力,使我国海军获得具备强强防空能力的舰船。建造的2艘旅洲级驱逐舰是"沈阳"号和"石家庄"号。

> 图173 旅洲级驱逐舰"石家庄"号

> 图174 RIF-M防空导弹系统

旅洲级驱逐舰的舰体形式和动力系统与旅海级驱逐舰基本相同,但是对电子设备和武器装备进行了大范围的升级换代,特别是配置了俄制RIF-M远程防空导弹系统,弥补了我国海军编队防空能力的不足。

RIF-M防空导弹装置

旅洲级驱逐舰最为显著的舰上武器是位于舰桥前方(2具)和艉楼末端(4具)RIF-M防空导弹装置。RIF-M防空导弹使用八联装左轮式垂直发射装置,搭配了相控阵搜索/火控雷达,在五级海况下可正常发射,并具有一定的反弹道导弹能力。

武器装备全面升级

旅洲级驱逐舰在旅海级驱逐舰舰体的基础上进行了全面的武器装备更新。如采

> 图175 舰舯部的YJ-83反舰导弹发射装置和集成了火控雷达的30毫米近防炮

用了新开发的舰炮;舰桥后方两舷甲板各加装了2座干扰弹发射装置;布置了2座新型近防炮并将其火控雷达整合在炮塔上;在烟囱后方布置了2组四联装YJ-83反舰导弹发射装置;2具三联装鱼雷发射装置分别

第5章 中国驱逐舰的发展历程

> 图176 旅海级驱逐舰（上）与旅洲级驱逐舰（下）的舰体对比

布置在两舷甲板上。旅海级驱逐舰的舰艉下方原有开放的甲板区域被取消，改为了封闭式舰艉。

 旅洋Ⅲ级驱逐舰

旅洋Ⅲ级驱逐舰是我国海军近几年来新入列的一型导弹驱逐舰。它是中国旅洋Ⅱ级驱逐舰的最新改进发展型，也是继旅洋Ⅱ级驱逐舰后又一型配备相控阵雷达与垂直发射区域防空导弹系统的现代化防空驱逐舰。首舰"昆明"号于2012年8月28日下水。

武备升级，"中华神盾"再进一步

作为旅洋Ⅱ级驱逐舰的升级版本，旅洋Ⅲ级驱逐舰在主炮、导弹垂直发射系统、相控阵雷达、近程武器防御系统等方面都做了大幅度的升级改造，并对舰桥的

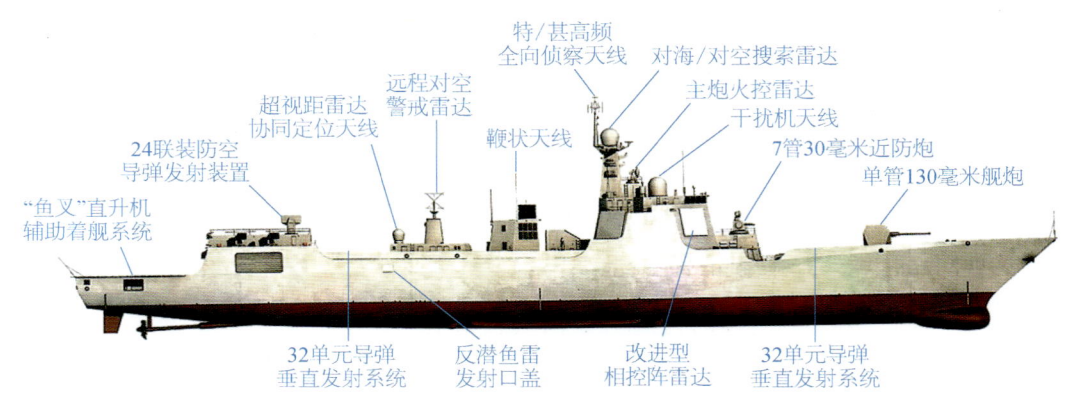

> 图177 旅洋Ⅲ级驱逐舰主要武器装备示意图

> 图178 旅洋Ⅲ级驱逐舰"昆明"号

第5章 中国驱逐舰的发展历程

> 图179 旅洋Ⅲ级驱逐舰（左）和旅洋Ⅱ级驱逐舰（右）垂直发射系统及舰炮对比

外形、机库、小艇收放等进行了进一步优化。旅洋Ⅲ级驱逐舰以其先进的技术特点和"俊朗"的外形，一度成为国内军事爱好者喜欢的"网红"舰。

"左轮枪"变"巧克力"，新型导弹垂直发射系统

与旅洋Ⅱ级驱逐舰上采用圆盘的"左轮枪"导弹垂直发射装置不同，旅洋Ⅲ级驱逐舰配置了新的方格状垂直发射装置。其外形酷似一块块"巧克力"，整体外形与美国的垂直发射装置相似，但是取消了排焰道，将多余的空间用于导弹发射管，因此每个导弹发射槽的长宽比有所增加。新型垂直发射装置是依照我国军用标准设计的第一种通用、冷热共用舰载垂直发射系统。

更加先进的新型相控阵雷达

旅洋Ⅲ级驱逐舰外形最大的变化便是舰桥上安装的四面大尺寸新型有源相控阵雷达，发射功率更高，探测能力和搜索距离都有了大幅度的提升。相较于旅洋Ⅱ级驱逐舰的相控阵雷达，新型相控阵雷达采用了更先进的冷却方式而取消了原来的圆弧形风罩，从而显著提高了雷达工作的连续性和可靠性。

整体布局优化，隐身性能提升

旅洋Ⅲ级驱逐舰在旅洋Ⅱ级驱逐舰的基础上还进行了整体布局优化，使该级舰更加简洁实用，进一步提升了隐身性。从上层建筑外形看，桥楼两侧的内

> 图180 旅洋Ⅲ级驱逐舰（左）和旅洋Ⅱ级驱逐舰（右）相控阵雷达外形对比

> 图181 旅洋Ⅲ级驱逐舰"长沙"号

倾角度变大,这样就增大了两侧安装相控阵雷达斜面的面积。机库从左侧移到中间的位置,两侧增设了封闭式小艇容舱,而用来承载雷达8根天线的后桅杆也往前移,以避开导弹发射的尾焰。

武器装备进一步更新

旅洋Ⅲ级驱逐舰采用的舰炮是国产的130毫米舰炮,与国外舰炮相比,在结构以及隐身等方面进行了改进设计。在该级舰机库上方还布置了1具国产24联装的HQ-10近程防空导弹发射装置。

性能卓越,跻身主流"盾舰"行列

"中华神盾"升级版的旅洋Ⅲ级驱逐舰的问世,说明我国在驱逐舰设计技术上不断成熟,与外国在先进水面舰船作战能力方面的差距不断缩小,得到了外界的关注和高度评价。

> 图182 旅洋Ⅲ级驱逐舰配置的国产130毫米舰炮

> 图183 24联装HQ-10近程防空导弹发射装置

> 图184 旅洋Ⅲ级驱逐舰"西宁"号

> 图185 旅洋Ⅲ级驱逐舰"银川"号的海上雄姿

第5章 中国驱逐舰的发展历程

> 图186 等待交付的旅洋Ⅲ级驱逐舰

旅洋Ⅲ级驱逐舰是我国实现"海洋强国"战略的基石之一。就排水量和战斗力来说，旅洋Ⅲ级驱逐舰可能趋近于阿利·伯克级驱逐舰和提康德罗加级巡洋舰。旅洋Ⅲ级驱逐舰装备有更为强大的有源相控阵雷达系统和新型导弹垂直发射装置。外国专家说旅洋Ⅲ级驱逐舰可极大地提升人民海军在远洋水域的战略潜能。

技术先进，彰显中国现代化造船水平

旅洋Ⅲ级驱逐舰是在旅洋Ⅱ级驱逐舰的基础上升级发展的，但无论从论证型号还是到研制成功，其相应的周期比旅洋Ⅱ级驱逐舰都有所减少。另外，旅洋Ⅲ级驱逐舰在适航性、续航力等方面都有了进一步的提升，并通过采用更优的隐身技术，减小了雷达波反射截面积，隐身性能更佳。

改进型相控阵雷达和垂直发射系统使旅洋Ⅲ级驱逐舰可对更多的目标进行跟踪和识别，更早地发现威胁目标。同时，舰上配置的导弹不仅数量多而且种类齐全，可执行区域防空、反舰、反潜和对陆打击等多样化任务，并结合反潜直升机和新型鱼雷，旅洋Ⅲ级驱逐舰的综合作战能力有了跨越式提升，可进行远海作战。

> 图187 刃海级驱逐舰下水仪式

旅洋Ⅲ级驱逐舰的问世表明我国海军的造船能力进一步成熟，我国有能力建造现代化海上战舰。目前，旅洋Ⅲ级驱逐舰已开始大批量建造。

世界先进

第四代驱逐舰

刃海级驱逐舰是人民海军目前最新一代装备新型有源相控阵雷达的大型驱逐舰。全舰主要天线采用共形天线设计，信息化水平高、隐身性能好，可根据距离实现多层次的先期预警防御，具有强大的防空、反潜、反舰和对陆打击能力，并具备电子对抗能力。依赖优良的适航性、自持力和续航力，刃海级驱逐舰可在除极区外的无限海域执行作战任务。

> 图188 刃海级驱逐舰作战想象图

> 图189 刃海级驱逐舰（上）和旅洋Ⅲ级驱逐舰（下）三维对比效果图

水到渠成，万吨大舰应运而出

虽然旅洋Ⅱ级驱逐舰和旅洋Ⅲ级驱逐舰的入役使我国拥有了划时代的强大区域防空和反弹道导弹能力，但是受舰体平台的排水量限制，其装备打击单元的数量以及舰船的自持力和续航力难以完全满足配合航母编队进行远洋防卫作战任务的要求。随着我国国力不断提升，先进科学技术水平和工业制造能力快速发展，特别是在信息技术、制导能力、动力技术以及大型水面舰体总体设计能力方面有巨大提高，新型万吨级驱逐舰已是呼之欲出。

2017年6月，我国第一艘新型万吨驱逐舰——刃海级驱逐舰下水，标志着我国水面主战舰艇——驱逐舰的发展正式跨入万吨级时代。

意义非凡，创造多项"首次"

刃海级驱逐舰作为我国最新一型驱逐舰，有着哪些最为显著的技术特点和重要意义呢？

> 图190 刃海级驱逐舰首次采用了集成诸多传感器天线的一体化桅杆

小贴士

共形天线设计

共形天线是指附着于载体表面且与载体贴合的阵列天线，即需要将阵列天线共形安装在一个固定形状的表面上，从而形成非平面的共形天线阵。在现代无线通信系统中，共形天线由于能够与飞机、导弹以及卫星等高速运行的载体平台表面相共形，且不破坏载体的外形结构及空气动力学等特性，成为天线领域的一个研究热点。

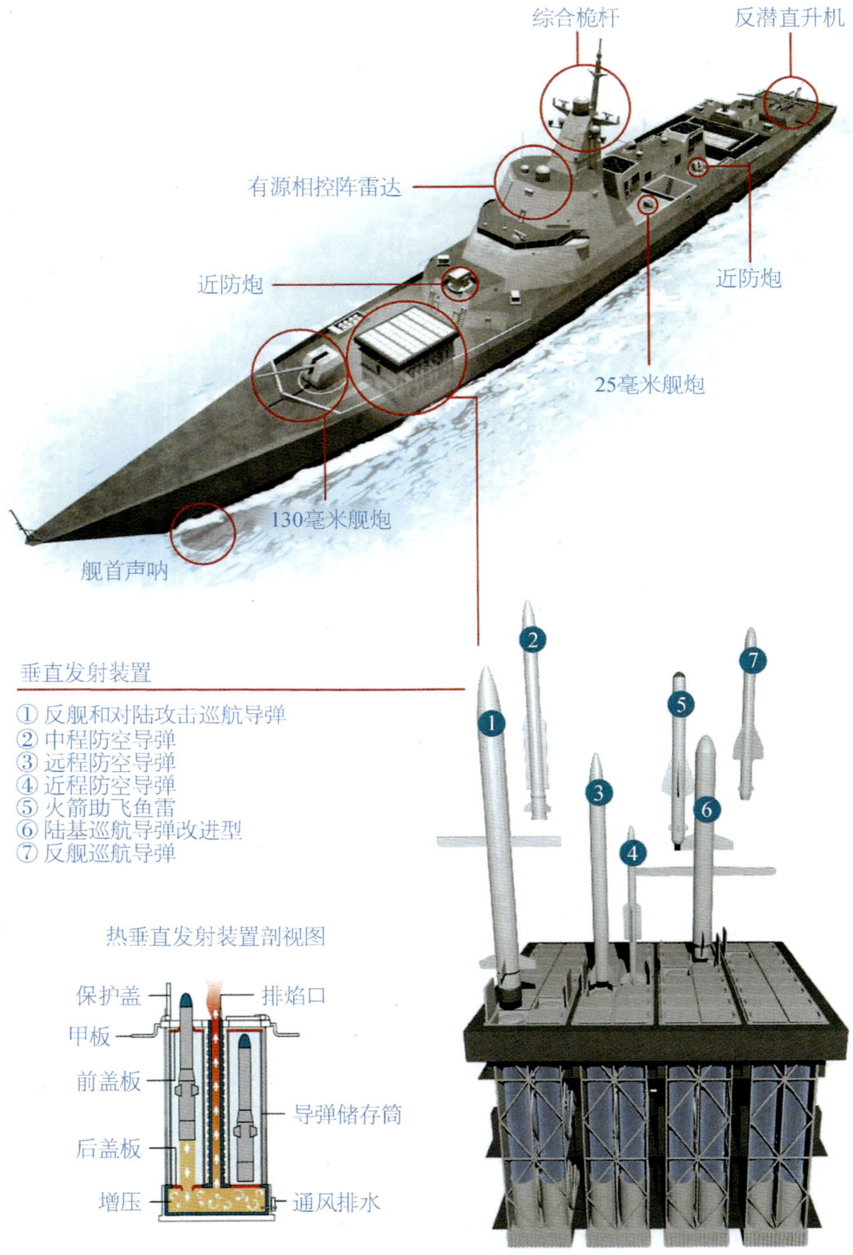

驱逐舰

综合桅杆
反潜直升机
有源相控阵雷达
近防炮
近防炮
25毫米舰炮
130毫米舰炮
舰首声呐

垂直发射装置
① 反舰和对陆攻击巡航导弹
② 中程防空导弹
③ 远程防空导弹
④ 近程防空导弹
⑤ 火箭助飞鱼雷
⑥ 陆基巡航导弹改进型
⑦ 反舰巡航导弹

热垂直发射装置剖视图

保护盖 — 排焰口
甲板
前盖板 — 导弹储存筒
后盖板
增压 — 通风排水

> 图191　刃海级驱逐舰装备了可发射各类导弹的通用垂直发射系统

它是我国第一型自主研发设计建造的排水量首次突破万吨级的驱逐舰，标志着我国已经掌握了万吨级水面战斗舰体的总体设计和建造技术。

它是我国第一次完全采用国产化的全燃动力技术（COGAG），这说明我国在经历了长时间的技术消化和提高之后，燃气动力技术水平已经日趋成熟，最为制约中国舰船本土化发展的"阿喀琉斯之踵"——动力问题逐渐得到了解决。

它是我国第一次采用了世界先进的全舰综合射频集成技术，实现了全舰总体设计的集成优化，隐身性和电磁兼容性得到了极大提升。

此外，刃海级驱逐舰还构建了全舰统一网络平台及数据公共计算环境的作战指挥控制体系，我国水面战斗舰船朝着智能化作战和管理迈出了重要的一步。

综合性能有了显著提升

排水量的提高最直接的效果就是可以装备更多的武器装备，刃海级驱逐舰综合性能的显著提升，使我国海军编队的整体作战能力有了大的飞跃，跻身世界先进之列。

刃海级驱逐舰装备了我国最新型的通用导弹垂直发射装置，可发射反舰和对陆攻击导弹，以及远、中、近程防空导弹，具备了较强的区域防空能力、一定的弹道导弹防御能力和远程反舰能力，对抗饱和攻击能力和远程打击能力突出。

刃海级驱逐舰装备的电子信息设备在旅洋Ⅲ级驱逐舰的基础上进行了全面升

> 图192　刃海级驱逐舰舰艏发射导弹

> 图193　防务展上展示的我国海军数字指挥系统

级，采用综合射频集成技术，构建统一的高性能全舰指挥控制网络。这些都大幅度提高了信息探测和处理能力，同时也为舰上装备的多种不同类型的信息对抗设备提

> 图194 刃海级驱逐舰加装电磁炮想象图

供了良好稳定的工作环境。刃海级驱逐舰具备了声、光、电、磁全体系的对抗能力。

刃海级驱逐舰上导弹垂直发射系统可以发射火箭助飞鱼雷，和新型反潜直升机、YU-7鱼雷一起构成了远、中、近多层次反潜防御网络。

设计理念先进，升级潜力巨大

刃海级驱逐舰的建造入役可以说意义非凡，它是我国海军装备的排水量最大（万吨级）的具有区域防空能力的驱逐舰，其平台设计思想和理念达到了世界先进水

> 图195 参加人民海军阅兵的刃海级驱逐舰"南昌"号

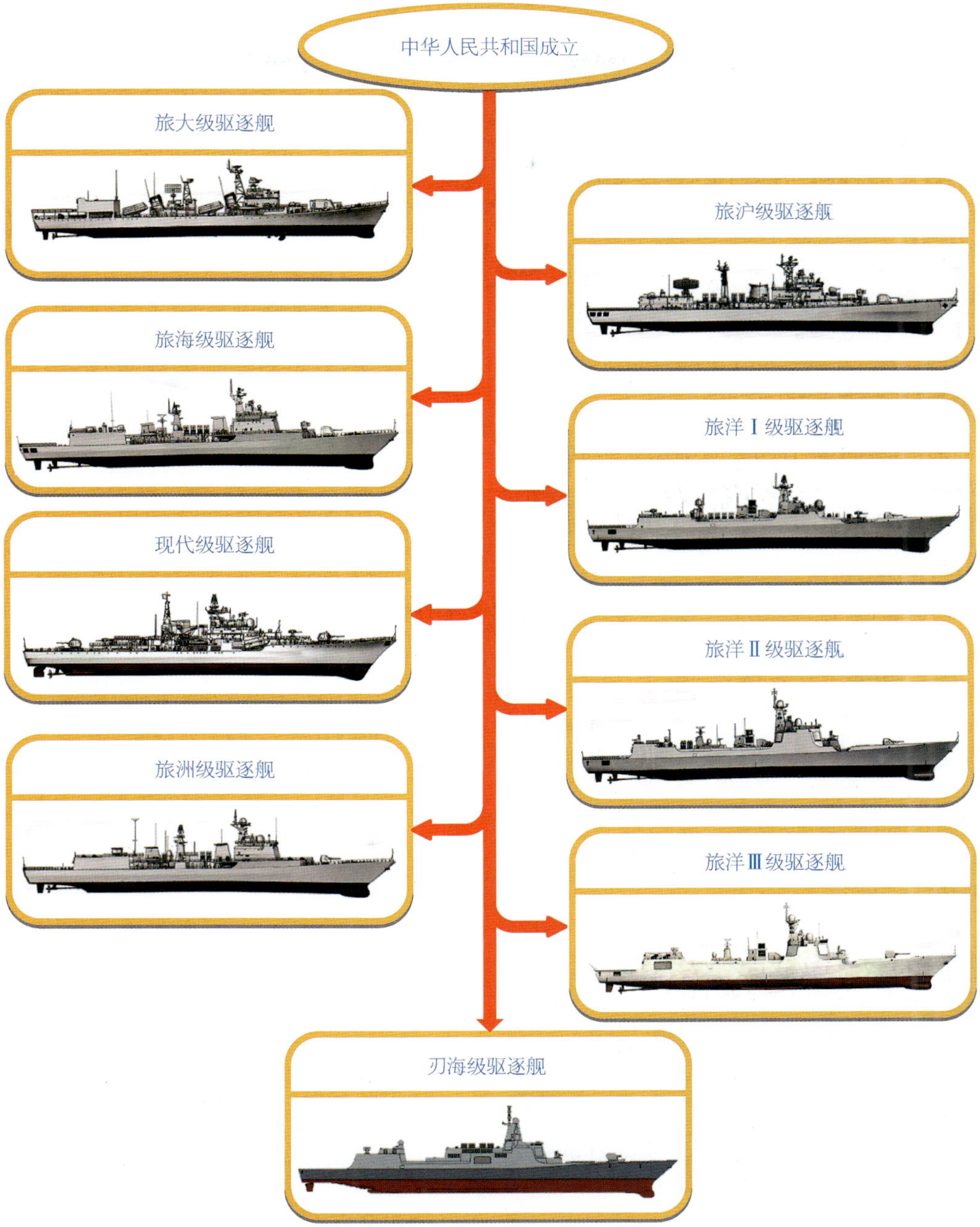

第5章 中国驱逐舰的发展历程

> 图196 人民海军驱逐舰发展历程示意图

平，诸多新技术的应用更是体现了我国国防科技实力的巨大发展。

刃海级驱逐舰在设计时就考虑到未来新技术的发展，舰体平台的升级改进潜力巨大，为将来综合电力推进、电磁炮、激光武器等可能上舰的新技术、新系统提供优良的舰体平台。可以说该舰必然会成为维护国家安全和海外利益的强大力量，更是我国海军走向深蓝的利剑先锋。

扬帆四海，利剑出鞘

驰骋海疆的中国驱逐舰

无论是我国引进的鞍山级、现代级驱逐舰，还是我国自主研发的第一代驱逐舰（旅大级）、第二代驱逐舰（旅沪级、旅海级）、第三代驱逐舰（旅洋Ⅰ级、旅洋Ⅱ级、旅洲级、旅洋Ⅲ级）、第四代驱逐舰（刃海级），每一级每一型驱逐舰的下水、服役都会令大家异常激动，都会牵动国人的心。

因为不管是目前早已退役的"四大金刚"——鞍山级驱逐舰，还是即将服役的"大驱"——刃海级驱逐舰，它们都是我国海军的利剑先锋，承担了不同时期的演习、维护主权、出访及护航等多项重要任务。

下面就一起来集中回顾一下中国的这些"蓝海利剑"是如何驰骋海疆、一展锋芒的。

军演主力，一展锋芒

军事演习是和平时期展示国家军事力量、提高部队实战能力和检验官兵军事素质的一项重要活动，也是海军的一项必修课。驱逐舰作为海军舰船的"多面手"，自然也是各项军演的主力担当。

1955年11月，"鞍山"号和"抚顺"

> 图197 辽东半岛演习中的"鞍山"号和"抚顺"号驱逐舰

号2艘驱逐舰参加了著名的以敌军在辽东半岛进行联合登陆为假想的辽东半岛抗登陆演习。演习中，两舰及时准确地执行了各种队形变换和火力支援等演习任务，显示了两舰强大的作战能力。

1959年4月，由中国驱逐舰"四大金刚"组成的鞍山级驱逐舰编队南下，赶赴舟山群岛，参加了三军合成渡海登陆战役演习。相较于在一江山岛战役中我国海军使用的排水量较小的护卫舰和临时改装的火力支援舰，鞍山级驱逐舰的主炮和火控装置有了质的飞跃。在5月的正式演习中，担负直接火力支援的"鞍山"号和"长春"号2艘驱逐舰发射数百枚炮弹，一举摧毁了1米多厚的钢筋混凝土碉堡，获得了高度评价。

2005年11月，"深圳"号驱逐舰编队首次航行了5个海区、4个海峡，横穿印度洋北部进入阿拉伯海，与异国的海军举行以搜救为主要内容的非传统领域的军事演习。

2007年7月24日，"广州"号驱逐舰与"微山湖"号补给舰启程远航至俄罗斯、英国、西班牙、法国进行访问，并与英国、西班牙、法国海军进行海上联合搜救演练，整个远航耗时87天。

2009年6月下旬，一支由北海舰队5艘舰船组成的编队通过宫古海峡，进入太平洋进行演习。这支编队包括旅洲级驱逐舰"石家庄"号、2艘江卫Ⅱ级护卫舰、"洪泽湖"号补给舰与1艘支援船。该编队进入太平洋后在冲之鸟礁东北方260千米处的海域进行军事演习，舰载直升机曾升空操作。完成演习后，这支编队从冲绳岛西南170千米处朝西北航行，最后返回东海。

2010年3月中旬至4月上旬，一支由我国东海舰队与北海舰队混编成的大型编队（包括旅洲级驱逐舰"沈阳"号、2艘现代级驱逐舰、3艘江卫级护卫舰、1艘福清级补给舰、1艘潜艇救援舰与2艘基洛级潜艇）实施大规模跨区远航训练。期间在4月10日通过宫古海峡，这是我国海军第一次有如此规模的大型编队通过宫古海峡。这支编队通过宫古海峡以后继续向南航行，经巴士海峡抵达马六甲海峡以东海域，并在南沙群岛周边海域轮值巡礁勤务，并在西沙群岛海域进行军事演练，总航程达6 000海里。

2013年7月，旅洲级驱逐舰"沈阳"号、"石家庄"号与其他各类舰船组成编

一江山岛战役

一江山岛战役是1955年1月中国人民解放军华东军区陆海空三军对国民党军据守的浙江省东部的一江山岛进行的进攻作战，这是解放军首次陆海空三军的协同作战。经过3天战斗，解放军成功解放了该岛。

> 图198 参加2013年中俄联合军演的4艘中国驱逐舰停靠在符拉迪沃斯托克港

队远赴俄罗斯彼得大帝湾附近海域参加"海上联合–2013"中俄海上联合军事演习。中俄双方参演兵力共计各型水面舰船18艘、潜艇1艘、固定翼飞机3架、舰载直升机5架和特战分队2支。演习课目主要包括舰船锚地防御、联合防空、海上补给、通过敌潜艇威胁区、联合护航、联合解救被劫舰船、打击海上目标、海上联合搜救、实际使用武器及海上阅兵等。

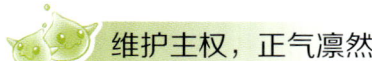 维护主权,正气凛然

领海主权,不容侵犯。维护海上主权,时不我待,舍我其谁?中国几代驱逐舰作为海军各个时期的主力舰船,在多次维护国家领海主权等方面都具有绝佳表现。

1962年4月,某国驱逐舰进入我国青岛外海,"鞍山"号、"长春"号、"太原"号3艘驱逐舰对其进行监视。双方对峙2天后,该舰突然转向,试图侵入中国领海,"长春"号立即发出战斗警报,经过八天八夜,该舰终于退出我国领海一线。

1985年11月,某国海军2艘巨舰路过我国东海,旅大级驱逐舰"重庆"号奉命予以正常监视。虽然双方力量相差悬殊,但"重庆"号还是孤身紧紧跟随2艘巨型战舰,直到对方离开我方海域才开始返

> 图199 旅大级驱逐舰"重庆"号正常监视某国巡洋舰

> 图200 旅洋Ⅱ级驱逐舰"兰州"号驱离某国非法入境舰船

航。这一幕成了我国海军弱小战舰面对超级大国海军巨舰维护主权正义的珍贵见证。

全球出访，传播友谊

为了展示我国的良好形象、传播友谊，驱逐舰作为海军现代化的重要成果，经常代表我国海军远航出访。

1997年7月20日，"哈尔滨"号驱逐舰、"珠海"号驱逐舰与"南仓"号补给舰组成编队展开了我国海军建军以来首次横渡太平洋以及访问美洲的远航，沿途行经美国（夏威夷珍珠港和圣地亚哥）、墨西哥、秘鲁、智利等地，为时3个多月，是我国海军一大盛事。

2000年7月，"深圳"号驱逐舰成功访问了马来西亚、坦桑尼亚和南非，是我国海军首次横跨太平洋、印度洋和大西洋，也是首次通过好望角，首次访问非洲大陆。自此开始，在连续几年内，"深圳"号驱逐舰开始成为出访最多的"明星"舰。

2000年8月，"青岛"号驱逐舰与"太仓"号补给舰横越太平洋出访北美，沿途经访美国（夏威夷珍珠港和西雅图艾佛拉特军港）以及加拿大（维多利亚魁尔茅特军港）。

2001年8月，"深圳"号驱逐舰与综合

> 图201　1997年"哈尔滨"号驱逐舰访问美国圣地亚哥

> 图202　2000年"青岛"号驱逐舰访问美国夏威夷

> 图203　旅海级驱逐舰方问美国关岛基地

补给舰组成编队，赴欧洲对英国、法国、德国和意大利四国进行访问。此次航行是我国海军编队第一次通过苏伊士运河，第一次进入地中海，也是第一次访问欧洲。

2002年5月15日，"青岛"号驱逐舰与"太仓"号补给舰再度联袂出航，展开我国海军建军以来第一次环球航行，先后访问新加坡、埃及、土耳其、乌克兰、希腊、葡萄牙、巴西、厄瓜多尔、秘鲁、法国十国的军港，为时4个多月，总航程33 000余海里，是我国拥有近现代化海军以来最长的一次航行。

2003年10月，"深圳"号驱逐舰编队前往美国（关岛）、新加坡和文莱进行访问，这也是关岛这一美军重要的海空基地首次向我国海军开放。

2013年10月13日，由旅洋Ⅱ级驱逐舰"兰州"号、"柳州"号护卫舰与"鄱阳湖"号补给舰组成的编队前往南美洲国家访问，途中通过麦哲伦海峡，这是我国

小贴士

麦哲伦海峡

麦哲伦海峡位于南美洲大陆最南端，由火地岛等岛屿围合而成。葡萄牙航海家麦哲伦于1520年首次通过该海峡进入太平洋，故而得名。麦哲伦海峡是南大西洋与南太平洋之间最重要的天然航道，但由于长期恶劣的天气，加上海峡狭窄，所以船只很难航行。

> 图204 旅洋Ⅱ级驱逐舰"兰州"号穿过麦哲伦海峡

海军历史上的第一次。

 编队护航，主力担当

2008年，在联合国安理会的支持下，亚丁湾护航成为我国海军的历史担当，也成为我国海军驱逐舰的神圣使命。

2008年12月底，由旅洋Ⅱ级驱逐舰"海口"号、旅洋Ⅰ级驱逐舰"武汉"号与"微山湖"号补给舰组成的索马里护航编队正式起航。该编队在2009年1月初抵达索马里海域，为经过当地的中国商船提供护航。"海口"号与"武汉"号一

> 图205 正在执行护航任务的"武汉"号和"海口"号驱逐舰

直在索马里海域值勤,直到4月中旬,由第二批驱逐舰护航编队接手后于4月底返回。

此次任务不仅是"中华神盾"舰服役以来首度远航,更是首度参与国际联合维和任务,意义非比寻常。在执行航线保护任务的同时,我国海军也获得一次难得的实际远洋作业经验,并验证舰上各型探测、作战系统的运作。

自2008年到2018年12月,我国海军先后派出31批护航编队、100艘次舰船、67架舰载直升机、26 000余名官兵执行护航任务1 198批次,安全护送了6 600余艘中外船舶,成功解救、接护和救助了70余艘遇险的中外船舶,抓捕了多名海盗,确保了被护船舶和编队自身的绝对安全。

> 图206 中欧海军护航编队的海上交流

表3　中国历次护航编队表

护航编队	起航/返航时间（任务天数）	舰船组成	护航商船数量
第1批	2008年12月26日—2009年4月28日（124天）	"武汉"号 "海口"号 "微山湖"号	41批212艘
第2批	2009年4月2日—2009年8月21日（133天）	"深圳号" "黄山"号 "微山湖"号	45批393艘
第3批	2009年7月16日—2009年12月20日（158天）	"舟山"号 "徐州"号 "千岛湖"号	53批582艘
第4批	2009年10月30日—2010年4月23日（176天）	"马鞍山"号 "温州"号 "巢湖"号 "千岛湖"号	46批660艘
第5批	2010年3月4日—2010年9月12日（193天）	"广州"号 "巢湖"号 "微山湖"号	41批588艘
第6批	2010年6月30日—2011年1月7日（192天）	"昆仑山"号 "兰州"号 "微山湖"号	49批615艘
第7批	2010年11月2日—2011年5月9日（189天）	"舟山"号 "徐州"号 "千岛湖"号	38批578艘
第8批	2011年2月21日—2011年8月28日（189天）	"马鞍山"号 "温州"号 "千岛湖"号	44批488艘
第9批	2011年7月2日—2011年12月24日（176天）	"武汉"号 "玉林"号 "青海湖"号	41批280艘
第10批	2011年11月2日—2012年5月5日（186天）	"海口"号 "运城"号 "青海湖"号	40批240艘
第11批	2012年2月27日—2012年9月13日（200天）	"青岛"号 "烟台"号 "微山湖"号	43批184艘

（续表）

护航编队	起航/返航时间（任务天数）	舰船组成	护航商船数量
第12批	2012年7月3日—2013年1月19日（201天）	"益阳"号 "常州"号 "千岛湖"号	46批204艘
第13批	2012年11月9日—2013年5月23日（196天）	"衡阳"号 "黄山"号 "青海湖"号	37批166艘
第14批	2013年2月16日—2013年9月28日（225天）	"哈尔滨"号 "绵阳"号 "微山湖"号	63批181艘
第15批	2013年8月8日—2014年1月23日（169天）	"井冈山"号 "衡水"号 "太湖"号	46批181艘
第16批	2013年11月30日—2014年7月18日（231天）	"盐城"号 "洛阳"号 "太湖"号	40批132艘
第17批	2014年3月24日—2014年10月22日（213天）	"长春"号 "常州"号 "巢湖"号	43批115艘
第18批	2014年8月1日—2015年3月19日（231天）	"长白山"号 "运城"号 "巢湖"号	48批135艘
第19批	2014年12月2日—2015年7月10日（221天）	"潍坊"号 "临沂"号 "微山湖"号	36批109艘
第20批	2015年4月3日—2016年2月5日（309天）	"济南"号 "益阳"号 "千岛湖"号	39批90艘
第21批	2015年8月4日—2016年3月8日（218天）	"柳州"号 "三亚"号 "青海湖"号	36批65艘
第22批	2015年12月6日—2016年6月30日（208天）	"青岛"号 "大庆"号 "太湖"号	25批56艘

（续表）

护航编队	起航/返航时间（任务天数）	舰船组成	护航商船数量
第23批	2016年4月7日—2016年11月1日（209天）	"湘潭"号 "舟山"号 "巢湖"号	39批79艘
第24批	2016年8月10日—2017年3月8日（211天）	"哈尔滨"号 "邯郸"号 "东平湖"号	35批45艘
第25批	2016年12月17日—2017年7月12日（208天）	"衡阳"号 "玉林"号 "洪湖"号	30批62艘
第26批	2017年4月1日—2017年12月1日（245天）	"黄冈"号 "扬州"号 "高邮湖"号	42批64艘
第27批	2017年8月1日—2018年3月18日（230天）	"海口"号 "岳阳"号 "青海湖"号	36批54艘
第28批	2017年12月3日—2018年8月9日（250天）	"盐城"号 "潍坊"号 "太湖"号	30批41艘
第29批	2018年4月4日—2018年10月4日（184天）	"滨州"号 "徐州"号 "千岛湖"号	26批40艘
第30批	2018年8月6日—	"芜湖"号 "邯郸"号 "东平湖"号	
第31批	2018年12月9日—	"昆仑山"号 "许昌"号 "骆马湖"号	

注：第5批"巢湖"号于2012年改名为"衡阳"号。

> 图207 护航凯旋的旅洋Ⅱ级驱逐舰

护航10年，31批护航编队，驱逐舰作为主力指挥舰参加多批次的护航任务，它们劈波斩浪、驰骋大洋，是我国海军护航最坚强的海上"利剑先锋"。正因为有了这些海上"利剑"的支援保障，我国海军才能在远离祖国怀抱的情况下顺利完成也门撤侨、马航失联客机搜救等一项项艰巨任务，向世界展示了我国海军威武之师、文明之师、和平之师的良好形象。

> 图208 护航行动中停靠在拉古莱特港的旅洋Ⅲ级驱逐舰

默默耕耘，无私奉献

致敬为建设驱逐舰而不懈奋斗的人们

中国海军建军70周年以来，驱逐舰的发展历程可以说是中国海军成长发展的一个缩影，也是一大批为驱逐舰建设无私奉献的人们的真实写照。

> 图209　中国著名船舶工程专家、中国工程院院士潘镜芙

潘镜芙是我国第一代导弹驱逐舰设计的主要成员，是著名船舶工程专家、中国工程院院士。

20世纪60年代，我国开始自主研制驱逐舰。由于当时缺乏可供参考的资料，摆在潘镜芙和同事们面前的是一条无比艰辛的道路。

武器装备众多是驱逐舰的主要特点，因此开展武器装备系统设计是驱逐舰设计的关键。为了确保导弹等武器装备的设计成功，潘镜芙主导成立了首型驱逐舰的武器系统组。通过仔细研究、多次实践，大家对武器系统的认识终于有了飞跃进展，从系统工程的角度进行了许多开拓性的工作，这为我国第一代导弹驱逐舰成为国内第一个从单个武器装备发展成武器装备系统的舰船奠定了基础。

导弹驱逐舰的适航性试验通常都选在海况特别恶劣的情况下进行，这对驱逐舰是一个很好的检验，对参加试航的人员也是一个严峻的考验。为了获取这些宝贵

> 图210　潘镜芙院士登舰与官兵合影

的数据资料，身为设计师的潘镜芙喜欢每次都亲临现场。

如在潘镜芙主持东海的适航性试验时，当时已是惊涛骇浪，时而舰船球鼻艏翘出水面，时而浪花飞过高高的驾驶室顶，舰船在5米多高的大浪中颠簸前行，潘镜芙却始终坚守在现场，一边呕吐不止，一边进行技术指挥，直到顺利完成试验。

他说："这便是在磨炼人的意志，强壮自己的体魄，从某种感觉上讲，搞造船的人一定要经受过这样的考验，才能真正实现成功。"

首制驱逐舰交付使用2年后，潘镜芙和2批设计师们参加了该舰的扩大试验，因为该舰没有多余的铺位，他们只能试验时上舰，不试验时就上岸住招待所或老百姓家里。当年与潘镜芙一起工作的同志如今也已白发苍苍，回忆起当年研制该型导弹驱逐舰的情况时，依然热情澎湃、无限感慨："我们是一边啃着黑馒头和窝窝头，就着咸菜和清汤，一边造出了中国第一代导弹驱逐舰。"

如果说驱逐舰设计师的主要工作是在纸上为战舰绘制蓝图，那么要真正将这些战舰从纸上"送"入大海，还离不开另一群人的辛苦努力，他们就是造船厂的同志。张国新是江南造船厂的首席专家，也是中国第二代导弹驱逐舰首舰的监造师。

这位从车床工人起步的造船专家，为

> 图211　舰船建造专家张国新

舰船制造事业兢兢业业地工作了近50年。1978年，他开始担任舰船监造职责。

20世纪80年代中期，中国自行研制的第二代驱逐舰的首制舰监造任务落到了张国新的身上。当时国内还没有建造这类现代化舰船的经验，配套设备又涉及上千家厂商，监造难度很大。但国之重器，不容有失。在监造过程中，为了保证新舰的质量和进度，他带领团队创新提出了立体建造方法，极大提高了生产效益。

进入21世纪，"中华神盾"舰等一批主力战舰陆续问世，张国新又马不停蹄地带领团队在优化生产流程、提高生产效率上下功夫，总结出了"一条半造船法"，让产品可以分成若干建造阶段，使建造效率成倍提升。

这些年经他监造的军民舰船共有20余艘，见证了中国驱逐舰建造的快速发展。

第6章
国外驱逐舰的发展

中国驱逐舰经过几十年的努力,已经成为国际一流的"武林高手"。但兵法云:知己知彼,方能百战百胜。在驱逐舰百余年的发展历程里,中国驱逐舰也只能算是一个后起之秀。让我们来盘点一下,经过百年的积累和发展后,世界上其他国家各具特色的驱逐舰。

美国驱逐舰

美国驱逐舰是现代化多用途驱逐舰的代表,汇集了众多高新技术于一身,俨然成为当今世界驱逐舰设计和发展的风向标。现役美国海军主力驱逐舰有阿利·伯克级和朱姆沃尔特级两种。

"宙斯盾"舰——美国阿利·伯克级驱逐舰

阿利·伯克级驱逐舰是美国海军现役主力驱逐舰。该级舰是世界上第一艘配备"宙斯盾"战斗系统以及导弹垂直发射和指挥控制系统的驱逐舰,其主要使命任务是为舰队提供区域防空警戒;也是世界上第一艘装备了四面SPY-1D无源相控阵雷达的驱逐舰。该级驱逐舰的出现标志着世界驱逐舰的发展进入了"盾舰"防空时代,之后世界其他国家设计和研制的防空驱逐舰借鉴了该级舰的设计理念。

> 图212 美国阿利·伯克级驱逐舰首舰"阿利·伯克"号(DDG-51,Flight I型)

第6章 国外驱逐舰的发展

美国阿利·伯克级驱逐舰自首舰"阿利·伯克"号（DDG-51）于1991年入役以来，经过了近30年的不断发展，出现了Flight Ⅰ/ⅠA、Flight Ⅱ/ⅡA、Flight Ⅲ等多种构型。目前美国海军拥有了超过60艘阿利·伯克级驱逐舰，后续型号仍在不断研制和建造中。该级舰至今仍然是世界上最先进、综合作战能力最强的驱逐舰之一，也是现役数量最多的一型驱逐舰。

Flight Ⅰ型

美国阿利·伯克级驱逐舰首舰"阿利·伯克"号即为Flight Ⅰ型。首舰入役

> 图213　美国阿利·伯克级驱逐舰"巴里"号（DDG-52，Flight Ⅰ型）

后，为了提高直升机的作业效率，从二号舰"巴里"号（DDG-52）开始，美国海军对直升机甲板进行了优化布置，增强了航保作业能力。Flight Ⅰ型是美国阿利·伯克级驱逐舰的第一型，后续各型均是在Flight Ⅰ型的基础上进行改装和升级。可以说Flight Ⅰ型确定了美国阿利·伯克级驱逐舰的基本特征。

美国阿利·伯克级驱逐舰的舰体较大，采用了20世纪70年代新研发的耐波性优良的船型，水线面较宽，非常利于内部和甲板的总布置。其长宽比较小，是美国海军驱逐舰历史上长宽比最小的军舰。

为了克服这种船型航行阻力较大的不足，后期的Flight Ⅰ型动力系统均配备了大功率的LM-2500-30燃气轮机，总功率达到了105 000马力，动力非常强劲。强大的动力配合优良的船型使得该级舰成为

> 图214　采用较宽的水线使美国阿利·伯克级驱逐舰具有良好的耐波性并且便于总布置

> 图215 正在吊装的LM-2500-30燃气轮机箱装体

一艘具有优良快速性、耐波性、机动性的海上大型打击平台。

美国阿利·伯克级驱逐舰也是第一艘考虑了隐身能力而设计的驱逐舰,其上层建筑向内倾斜以降低雷达波反射截面积,而垂直壁面则敷有吸波涂料。

美国阿利·伯克级驱逐舰是世界上第一艘配备有"宙斯盾"系统对海上目标进行探测跟踪的驱逐舰。其探测雷达采用了AN/SPY-1D相控阵雷达,四面八角形的天线安装在舰桥上。每面天线可以发出极强的电磁波,可对以舰体自身为中心的半球范围内进行360度全方位的快速搜索,实现多目标捕捉、快速敌我识别、自动划分威胁等级以及引导舰上各种武器执行针对威胁目标的防御或打击任务。

美国阿利·伯克级驱逐舰的另一大特点是配备了MK-41导弹垂直发射系统,该系统具有发射速度快、通用性强和维护方便等优点。Flight I型上布置有4组八联装发射模块,总备弹量为90枚,具有强大的防空能力。

> 图216 美国阿利·伯克级驱逐舰舰桥上安装的八角形相控阵雷达天线

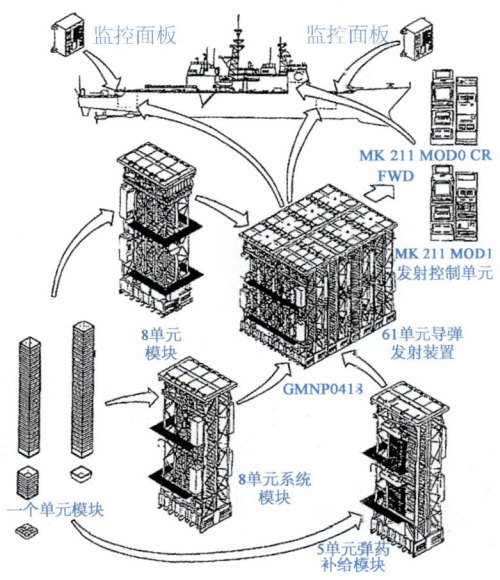

> 图217 MK-41导弹垂直发射系统结构示意图

由于采用了标准化、模块化的设计，该系统可根据实际任务需求换装不同类型的导弹，如RIM-66标准型导弹、RIM-67标准型导弹、RIM-161标准三型导弹、RIM-174标准增程主动导弹（又称标准-6舰载防空导弹）、RGM-109"战斧"导弹、RUM-139型"阿斯洛克"反潜导弹、RIM-7"海麻雀"导弹和RIM-162改进型"海麻雀"导弹等。

美国阿利·伯克级驱逐舰Flight Ⅰ型还配置了1门MK-45 127毫米舰炮、2具MK-32鱼雷发射装置、2具"密集阵"近防系统。

Flight Ⅱ/ⅡA型

1986年美国海军对后续阿利·伯克级驱逐舰的批次提出了升级的要求。主要改进是通过加装Link-16数据链系统，提升

> 图218　正在换装"战斧"巡航导弹的MK-41导弹垂直发射系统

> 图219　MK-45 127毫米舰炮

> 图220 美国阿利·伯克级驱逐舰"马汉"号（DDG-72，Flight Ⅱ型）

其联合作战能力；对"宙斯盾"系统升级到 baseline 5，提高其对陆打击能力。

Flight ⅡA 型则是在 Flight Ⅱ 的基础上进一步的升级和改进。Flight ⅡA 型在舰艉部增设机库，使得其总排水量较 Flight Ⅰ/Ⅱ 型均有所增加，并将机库与烟囱艉

> 图221 前后雷达天线高度不同是 Flight ⅡA 型最显著的外形特征

> 图222 美国阿利·伯克级驱逐舰"奥斯卡·奥斯汀"号（DDG-79，Flight ⅡA型）

> 图223 美国阿利·伯克级驱逐舰"钟云"号（DDG-93，Flight ⅡA型）是美国海军史上第一艘以华人名字命名的军舰

部相连，以此获得更大的上层建筑面积。

为了提高相控阵雷达的使用效果，对其前桥后部的两面相控阵雷达天线进行了抬高，前后雷达高度不同便成了Flight ⅡA型区别于Flight Ⅰ/Ⅱ型最显著的外形特征。Flight ⅡA型对"宙斯盾"系统进行了进一步升级，先后升级到baseline 6、baseline 7以及baseline 9的水平，大幅提升了作战效能。此外，舰上的武器装备也进行了全面的升级。

> 图224 美国阿利·伯克级驱逐舰"格拉维利"号（DDG-107，Flight ⅡA型）

> 图225 美国阿利·伯克级驱逐舰"托马斯·哈德纳"号（DDG-116，Flight ⅡA型）

Flight Ⅲ型

> 图226　亨廷顿英格尔斯公司推出的美国阿利·伯克级驱逐舰Flight Ⅲ型模型

表4　美国阿利·伯克级驱逐舰参考性能参数

性能指标	具　体　数　据
舰　长	Flight Ⅰ/Ⅱ：153.77米 Flight ⅡA：155.29米
舷　宽	20.3米
吃　水	7米
排水量	Flight Ⅰ（DDG—51～71）：满载8 364吨 Flight Ⅱ（DDG—72～78）：满载9 033吨 Flight ⅡA（DDG—79～124）：满载9 425吨 Flight Ⅲ：满载约9 800吨
动力系统	4×LM-2500燃气轮机/100 000马力 Flight Ⅰ后期起，改用4台LM-2500-30燃气轮机，总功率105 000马力 双轴双舵
最大航速	31节
续航力	4 300海里（20节）
舰　员	Flight Ⅰ/Ⅱ：约286人 Flight ⅡA：约279人

美国驱逐舰

冷战结束后,美国的海洋战略方针由冷战时期的大洋海战逐渐向陆地投送应对地区武装冲突而转变,为此美国海军需要一种适应于该战略的新型驱逐舰。经过多年的论证,经历了"武库舰"、DD(X)与CG(X)等不同方案的反复与演变,美国海军正式决定建造21世纪新的驱逐舰,赋予代号为DDG-1000。首舰"朱姆沃尔特"号已于2013年10月28日在巴斯钢铁造船厂下水,2016年10月15日正式服役。

作为美国海军新一代的主力水面战斗

> 图227 美国DDG-1000

驱逐舰

> 图228 建造中的DDG-1000上层建筑

> 图229 建造中的DDG-1000

舰艇，DDG-1000从船体平台、动力设计、通导系统到武器装备等均采用了非常先进的技术。

科幻的外形

美国DDG-1000从外形上看便极富科幻色彩，它是继瑞典维斯比级护卫舰后世界上第二种采取全隐身设计的水面战斗舰船，有着"科幻幽灵"的外号。

> 图231 执行编队任务的美国DDG-1000

> 图230 美国DDG-1000采用了内倾"穿浪"式船体

船体采用内倾"穿浪"式船体，上层建筑也为内倾式，同时采用了革命性的"综合孔径"设计集成了所有电子设备替代传统军舰的桅杆，主炮也采用了可收放式炮管的隐身设计。这些设计使得船体和上层建筑浑然一体，极大地减小了全舰的雷达波反射截面积（RCS），其隐身性能可达到美国阿利·伯克级驱逐舰的50倍左右。

创新性的综合电力推进系统

美国DDG-1000的动力系统革命性地采用了综合电力推进系统（IEP），这大大减少了能量的消耗，更大幅度简化了机舱相关的结构，节省出更多的空间和重量用于其他系统的设计之用。强大的电力系统也为未来高能武器的上舰提供了坚实的基础。此外，IEP的噪声较传统的全燃推进系统要低很多，不仅改善了全舰的居住、工作条件，也进一步提高了声隐身性能。

先进舰炮系统

美国采用了先进舰炮系统（AGS），在舰艏布置了2门155毫米舰炮，无论从射速、射程、覆盖范围、威力等方面来看无疑是目前最为先进的火炮之一。但是其炮弹成本过高让财大气粗的美国也不能毫无限制地使用。

舷侧导弹垂直发射系统

美国DDG-1000装备了全新的MK-57导弹垂直发射系统。其发射单元的截面积比MK-41扩大了约1.8倍，可发射威力更强的大直径岸基反导导弹，增强了该舰的反导防空能力。同时在布置上将垂直发射口布置在舷侧的双层船体之间，代替了传统舰船在船中线布置的方式，并对靠内侧的结构进行了加强设计，提高了全舰的生命力。

> 图232 MK-57导弹垂直发射系统

新型AN/SPY-3有源相控阵雷达

美国DDG-1000配备了新型的AN/SPY-3有源相控阵雷达，其工作波段为X波段，收发单元的数量和质量均远超目前其他先进的舰载X波段雷达，可独立完成海平面搜索、低空导弹跟踪、火控照射等任务。

不同于美国阿利·伯克级驱逐舰上安装了四面相控阵雷达天线，美国DDG-1000的相控阵雷达只采用三面相控阵天线，通过合理布置达到覆盖360度全方位的搜索能力，这样不仅减少了相控阵天线的重量，更节约了成本。

> 图233　DDG-1000航行时的艏向视图

> 图234　DDG-1000航行时的艉向视图

第6章 国外驱逐舰的发展

俄罗斯驱逐舰

自20世纪70年代起，苏联设计了两型特点分明的大型驱逐舰，分别用于反潜作战和舰队防空。两者相辅相成，共同承担着主力水面舰队的防护警戒任务。其中，以反潜作战为主要使命任务的是勇敢级驱逐舰（1155型驱逐舰），以及后续改进型勇敢Ⅱ级驱逐舰（1155.1型驱逐舰）；而以防空反舰为主要使命任务的是现代级驱逐舰（956型驱逐舰）。

自苏联解体后，俄罗斯继承了苏联的海上力量，勇敢级驱逐舰和现代级驱逐舰依然是俄罗斯海军的主力水面战斗舰船。老骥伏枥，志在千里，经过不断的改进和升级，从两型驱逐舰上依稀还能看见昔日苏联强大海军的身影。

 俄罗斯勇敢级驱逐舰

勇敢级驱逐舰（1155型）是俄罗斯设计建造的大型反潜驱逐舰。其主要使命任务是在随舰队执行远海作战任务时为舰队提供反潜保障，兼顾防空。

> 图235 俄罗斯勇敢级驱逐舰"维诺格多夫海军上将"号

> 图236 俄罗斯勇敢级驱逐舰"库拉科夫海军中将"号

> 图237 俄罗斯勇敢Ⅱ级驱逐舰"恰巴年科夫海军上将"号

> 图238 SS-N-14"石英"反舰/反潜导弹（左）与SS-N-22"日炙"超音速反舰导弹（右）

全舰结构紧凑、布局简明，采用2套M-9型燃燃联合推进系统。

舰舯两舷各有1具四联装SS-N-14"石英"反舰/反潜导弹。船舯甲板室两舷各有1具四联装533毫米鱼雷发射装置，艉部配置有12管RBU6000反潜火箭式深水炸弹发射装置。艉部直升机平台可供2架卡-27A"蜗牛"（Helix）直升机进行起降作业。这构成了俄罗斯勇敢级驱逐舰上"反潜导弹-反潜鱼雷-反潜火箭式深水炸弹-反潜直升机"的四重反潜火力网，彰显其强大的反潜能力。

此外，俄罗斯勇敢级驱逐舰还配置了SA-N-9导弹垂直发射系统用于防空，艏部布置了2门AK-100 100毫米舰炮。

以俄罗斯勇敢级驱逐舰为基础，换装SS-N-22"日炙"超音速反舰导弹，加上其他武器系统的更新升级，便形成了勇敢Ⅱ级驱逐舰（1155.1型）。目前有8艘勇敢级驱逐舰和1艘勇敢Ⅱ级驱逐舰在服役。

> 图239 俄罗斯勇敢Ⅱ级驱逐舰上的SA-N-9导弹垂直发射系统

表5 俄罗斯勇敢级驱逐舰参考性能参数

性能指标	具 体 数 据
排水量	满载8 636吨
舰 长	163.5米
舷 宽	19.3米
吃 水	7.5米
动力系统	COGAG燃—燃联合 2×高速燃气轮机 2×低速燃气轮机 双轴双舵
航 速	29节
续航力	7 700海里（18节）

俄罗斯现代级驱逐舰

现代级驱逐舰是俄罗斯以反舰防空作战为使命任务而设计建造的大型驱逐舰，满载排水量约8 000吨。

俄罗斯现代级驱逐舰长宽比较低，水线面面积较大，因而适航性优良，适合远洋作战。布置在舰桥两舷的2具四联装SS-N-22"日炙"超音速反舰导弹发射装置是其最重要的反舰手段。舰艏艉各布置了1门双联装130毫米舰炮和1具SA-N-7防空导弹发射装置。俄罗斯现代级驱逐舰的一大外形特征便是直升机机库和起降平台设置在船舯偏后处，采用伸缩式设计以节约空间。

> 图240 俄罗斯现代级驱逐舰"周密"号

> 图241 俄罗斯现代级驱逐舰在桥楼两侧甲板布置了SS-N-22"日炙"超音速反舰导弹

> 图242 设置于船舯偏后的直升机库是俄罗斯现代级驱逐舰最显著的外形特征

表6 俄罗斯现代级驱逐舰参考性能参数

性能指标	具 体 数 据
舰　长	156米
舷　宽	17.3米
排水量	满载约8 000吨
动力系统	4×KBG-4锅炉 GTZA-67蒸汽涡轮 双轴
航　速	32节
续航力	4 000海里（14节）
舰　员	296人

英国驱逐舰

为了配合新世纪海洋战略,英国海军研制建造的新一代驱逐舰便是45型驱逐舰。

英国45型驱逐舰的满载排水量约7350吨,全长152.4米,采用综合电力推进系统,配备大量新型的武器装备,可以说是目前欧洲乃至世界各国现役驱逐舰中最为先进的驱逐舰之一。其首舰"勇敢"号(D32)于2009年开始服役。

英国45型驱逐舰舰体外形采用了上层建筑与舰体一体化的隐身设计,整体布局紧凑,水线以上甲板具有外飘,上层建筑壁面内倾,有效减少了雷达波反射截面积。同时还采用了模块化建造,有效降低了建造成本,缩短了建造周期。

英国45型驱逐舰采用了综合电力推进系统,配置了2台Rolls-Royce WR-21间冷回热燃气轮机,动力强劲。该推进系统有着很高的推进效率,耗能较小,并且有着航行噪声低的优点。该舰的最大航速可达30节。

英国45型驱逐舰一大特点是配置了欧洲新一代的导弹系统主要防空导弹系统(PAAMS),采用了法国"紫菀"防空导弹

> 图243 英国45型驱逐舰首舰"勇敢"号

> 图244 英国45型驱逐舰采用了模块化建造方式

第6章 国外驱逐舰的发展

> 图245 英国45型驱逐舰上的"海毒蛇"导弹垂直发射装置

> 图246 英国45型驱逐舰发射"紫菀"防空导弹

系统,并配备了"海毒蛇"导弹垂直发射装置。"紫菀"导弹具有飞行速度快、射程远等特点,可承担区域防空及中近程点防空任务,并具有反弹道导弹能力。

英国45型驱逐舰配置了1门Mk.8 Mod1 4.5英寸(114毫米)的L/55舰炮,炮塔外形采用了隐身设计,射击精度、工作可靠性和安全性都较过去的型号有了大幅度提高。同时舰上还配置了2具"密集阵"近程防御系统用于末端防御。此外还配置了2具四联装"鱼叉"反舰导弹系统,可发射新型RGM-84D"鱼叉"反舰导弹。

> 图247 Mk.8 Mod1 4.5英寸(114毫米)的L/55舰炮

> 图248 英国45型驱逐舰上的美制"密集阵"近程防御武器系统

> 图249 SAMPSON E/F波段主动多功能相控阵雷达

表7 英国45型驱逐舰参考性能参数

性能指标	具 体 数 据
排水量	满载7 570吨
最大航速	31节
续航力	6 500海里（18节）
舰员	190人
武器装备	反舰导弹：2具四联装"鱼叉"导弹发射装置 防空导弹：1具6×8单元"席尔瓦"A50垂直发射系统（16枚"紫菀"15和32枚"紫菀"30防空导弹，或者两者任意组合） 舰炮：1门Mk.8 Mod1 114毫米舰炮 2具20毫米"密集阵"近程防空武器 直升机："山猫"或"默林"

> 图250 S-1850M三坐标对空搜索雷达

英国45型驱逐舰采用了SAMPSON E/F波段主动多功能相控阵雷达系统，其搜索距离和跟踪目标数与美国海军的"宙斯盾"系统相当。同时还配备了1部S-1850M三坐标对空搜索雷达作为补充。

法国、意大利驱逐舰

战后，特别是欧盟建立后，欧洲各国不断推进防务一体化，联合研制、共同开发武器装备成为当前欧洲进行武器研发的重要途径。其中，在水面舰船方面最为典型的例子就是法国和意大利联合研发建造的地平线级驱逐舰。原本英国也在联合研发的团队中，但后来英国退出并自行研发了45型驱逐舰。

地平线级驱逐舰的满载排水量约为7 000吨，其中法国版的排水量略大于意大利版。船长约153米，宽20.3米，动力采用柴燃联合推进系统（CODAG），配置了

> 图252 意大利地平线级驱逐舰"卡约杜伊利奥"号

> 图251 法国地平线级驱逐舰"福尔班"号

2台LM-2500燃气轮机和2台柴油机，保证了地平线级驱逐舰的续航力和远洋作战能力。

防空作战方面，与英国45型驱逐舰类似，地平线级驱逐舰上也配置了"主要防空导弹系统"（PAAMS），由意大利研制的EMPAR无源相控阵雷达和Sylver导弹垂直发射装置组成，可发射"紫菀"防空导弹。

其他武器方面，地平线级驱逐舰配置了"奥托"76毫米速射舰炮、"飞鱼"反舰导弹，三联装鱼雷发射装置可发射MU-90 324毫米鱼雷用于反潜作战。意法两国地平线级驱逐舰的大部分配置基本相同，但是部分武器系统根据本国的需要进行了一定的调整。

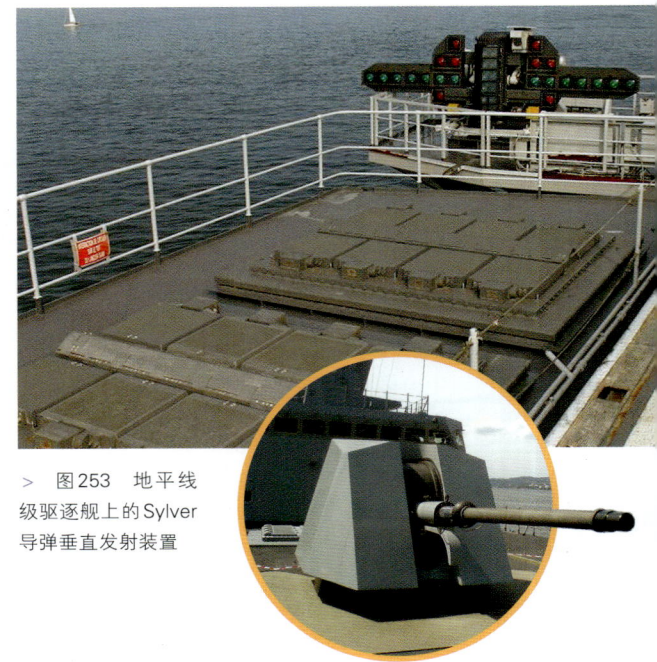

> 图253 地平线级驱逐舰上的Sylver导弹垂直发射装置

> 图254 地平线级驱逐舰配置了"奥托"76毫米速射舰炮

日本驱逐舰

日本海军的驱逐舰舰级较多，具有代表性的除了20世纪80年代入役的初雪级（满载排水量为3 800吨）和90年代初入役的村雨级（满载排水量为6 300吨）外，自90年代开始建造装有"宙斯盾"防空导弹系统的金刚级驱逐舰；而在21世纪初又建造了满载排水量超过10 000吨的爱宕级驱逐舰。

金刚级驱逐舰是日本海上自卫队首次配备的载有"宙斯盾"系统的导弹驱逐舰，其满载排水量达9 637吨，采用燃燃联合推进系统（COGAG）。金刚级驱逐舰在美国阿利·伯克级驱逐舰的基础上扩大了舰桥结构，用日本传统的重型桁架式四脚桅杆代替了美国阿利·伯克级驱逐舰上使用的轻质十字桅杆。

> 图255 日本初雪级驱逐舰

在金刚级之后,日本进一步建造了排水量超过10 000吨的爱宕级(Atago Class)驱逐舰,扩大了垂直发射导弹的数量和加设了直升机机库。

> 图256 日本村雨级驱逐舰

> 图257 日本金刚级驱逐舰

> 图258 日本爱宕级驱逐舰

韩国驱逐舰

韩国于21世纪初采用与美国阿利·伯克级驱逐舰相同的防空导弹系统与MK-41垂直发射装置,建造装备了世宗大王级(KDX-3)"宙斯盾"导弹驱逐舰,韩国海军也成为世界第五个装备有"宙斯盾"系统的海军。

该级舰满载排水量为10 000吨,采用4台燃气轮机推进,最大航速30节。韩国世宗大王级驱逐舰一度成为东亚排水量最大的驱逐舰。

> 图259　韩国世宗大王级驱逐舰

印度驱逐舰

印度拉吉普特级驱逐舰

印度拉吉普特级(Rajput)驱逐舰是印度第一型现代化的驱逐舰,该舰满载排水量为5 054吨,采用乌克兰生产的燃气轮机推进,最大航速可达35节,装备有四联装PJ-10"布拉莫斯"超音速反舰导弹发射装置。印度拉吉普特级驱逐舰有一个特殊的设计,它的直升机机库是半沉降式的。起降平台上的直升机需通过升降机下移到机库,这实际上是一种在苏联卡辛级

> 图260 印度拉吉普特级导弹驱逐舰

> 图261 印度德里级驱逐舰

驱逐舰基础上无奈的改装形式,因为在苏联卡辛级驱逐舰的设计中是不带直升机机库的。

印度德里级驱逐舰

印度德里级驱逐舰是印度第一型自行研发建造的大型水面舰船,满载排水量达6 800吨,采用柴燃气联合交替动力(CODOG),最大航速32节。其设计是在苏联卡辛级驱逐舰的基础上进行了大幅改良,上层结构复杂,并配备许多俄式武器装备。

印度加尔各答级驱逐舰

加尔各答级驱逐舰是印度海军所配备的最新型防空导弹驱逐舰,满载排水量为7 292吨,采用全燃气轮机推进,最高航速可达32节。舰上载有以色列EL/M-2248有源相控阵雷达,艏艉各布置有1具导弹垂直发射装置,可发射"巴拉克"防空导弹,共同组成了高性能区域防空系统。同时,印度加尔各答级驱逐舰还配备了俄制3S14E反舰导弹垂直发射系统,可发射"布拉莫斯"反舰导弹。

> 图262 印度加尔各答级驱逐舰

第 7 章
驱逐舰未来的发展

经过100多年的发展，今天的驱逐舰已经成为综合实力强大的"多面手"。未来伴随着更多先进技术和新型武器的上舰应用，驱逐舰这一"海上先锋"将拥有更强大的海上综合作战能力，可承担更多的使命任务。

综合电力推进

英国45型驱逐舰和美国朱姆沃尔特级驱逐舰是世界上率先使用综合电力推进系统的大型驱逐舰。随着科技的发展和使用经验的不断积累，可以预计综合电力推进技术将越来越多地应用于驱逐舰上。

综合电力推进系统是利用大功率电机驱动螺旋桨旋转，从而推动舰船前进的推进方式。与传统推进系统相比，电力推进系统一方面大大缩短了轴系长度，使得驱逐舰内部的总布置更为灵活方便，节省了更多空间；另一方面通过合理布置发电机组，可降低整船向水中辐射出噪声以及舱

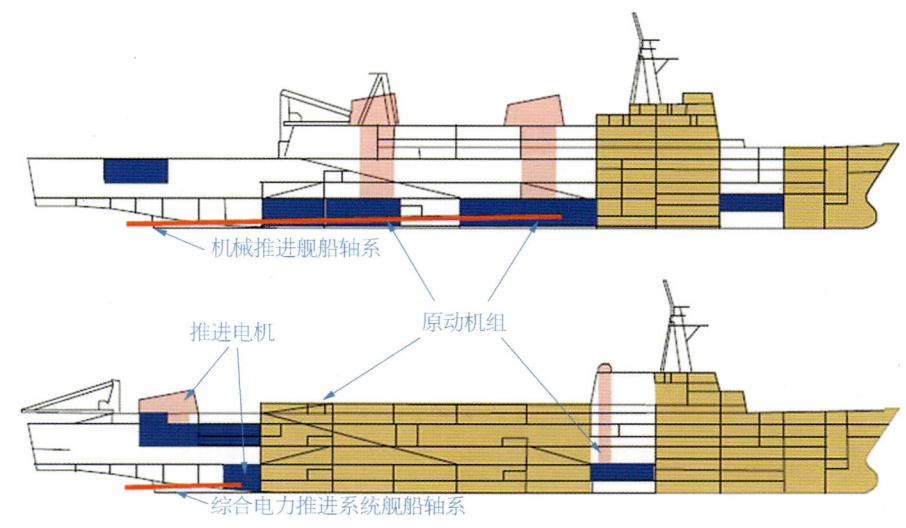

> 图263 机械推进舰船和综合电力推进系统舰船轴系长度对比

室噪声,既提高了舰船的隐身性,又改善了舰员的工作和居住环境。

此外,综合电力推进系统的燃油消耗率也更低。美国研究报告指出,采用综合电力推进系统的海军战舰比采用相同原动机组的战舰能节约10%～25%的燃油。

另外,综合电力推进系统最大的优势是可以统一调配使用推进系统用电和作战系统用电,通过集中对作战系统供电可以支撑高能武器工作,使得全舰的电力系统整合成一个整体,效率更高、调配更合理。

如传统的美国阿利·伯克级驱逐舰(DDG-51)的发电机功率仅为7.5兆瓦,无法满足电磁炮和激光武器的供电需求;而美国朱姆沃尔特级驱逐舰采用综合电力推进系统,其发电功率可达78兆瓦,在执行作战任务时对作战系统集中供电可满足高能武器的要求。

射频综合集成

为了应对越来越复杂的海上环境,实时掌握瞬息万变的战争态势,现代化的驱逐舰上都载有数量繁多、种类多样的舰载射频设备。但是大量配置功能单一的设备既不利于舰船重量的控制,也影响隐身性,而且不同设备间存在的

> 图264 中国刃海级驱逐舰(左)和美国朱姆沃尔特级驱逐舰(右)已经采用了综合射频集成技术

电磁干扰往往会造成某些设备无法正常工作。

为了有效解决这个问题,采用相控阵或共用孔径等先进技术,将原来孤立的、功能单一的射频设备有机地融合在一起,用尽量少的天线孔径来满足雷达、电子战、敌我识别和通信导航等任务,提高舰船的综合作战效能。

舰载射频设备的综合优化已成为提高驱逐舰作战能力和生存能力的重要途径,也是目前世界上各海军强国水面舰船发展的重点。如我国新型的刃海级驱逐舰和美国朱姆沃尔特级驱逐舰已经采用了综合射频集成技术。

模块化集成

在舰船发展初期,由于装备制造技术较为落后,针对某一种装备或者某一种军事需求都必须发展出一个新的舰种,于是战列舰、巡洋舰、防空驱逐舰、反潜驱逐舰、护卫舰、扫雷舰、布雷舰等不同类型的舰船才会陆续出现。

但是为了执行一类任务就设计建造一级全新的舰船无疑是非常奢侈的行为。随着技术的发展和进步,各国开始采取以同一种舰体为平台安装不同的武器装备,以侧重执行不同任务。如法国卡萨级防空驱逐舰和乔治莱格级反潜驱逐舰,两者的舰体基本相同。21世纪以来,新设计建造的驱逐舰普遍被设计成防空为主,可以同时执行反潜、反舰任务的类型,如英国45型驱逐舰、美国阿利·伯克级驱逐舰和韩国 KDX Ⅲ 级驱逐舰。以上这些进步都得益于舰船模块化集成技术的发展和应用。

所谓模块化集成,就是将武器系统的各种装备按照功能划分为若干模块,将拥有同一功能或者与某类系统相关的部件均做成标准的独立功能模块,并规定统一的标准接口形式,以便嵌入舰体,可以随时更换。

各模块的建造可以和舰体建造并行开展,所有接口都是标准化的,这样可以有效节省安装时间,最大限度地减少失误,增强安装质量。这对未来舰船的改装、升级和改型发展带来了极大的便利。随着模块化设计和技术的不断发展,未来舰船的建造可能会如搭积木般灵活,通用性大为增强。

第7章 驱逐舰未来的发展

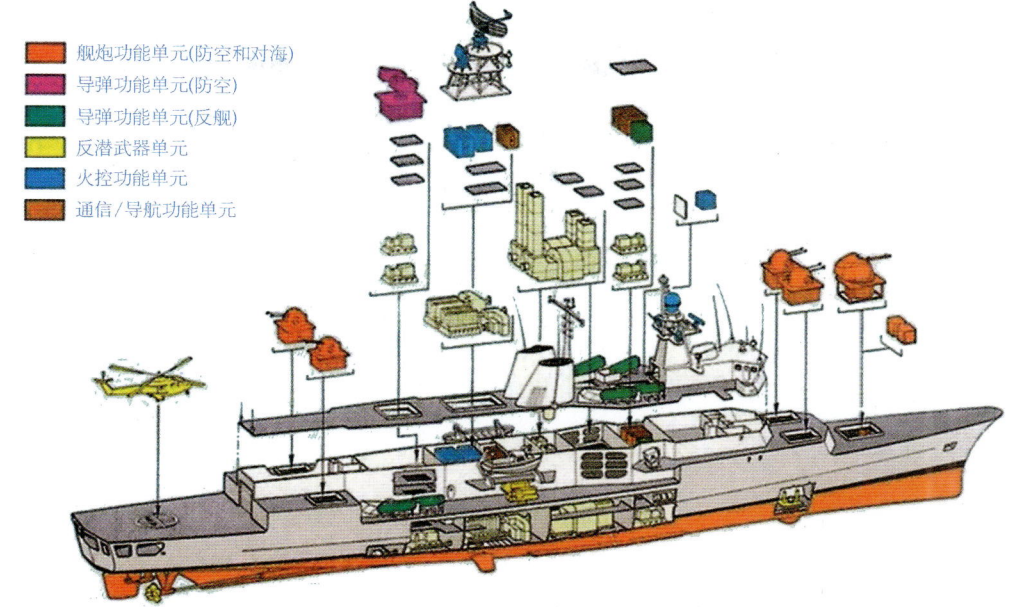

> 图265 德国MEKO护卫舰是采用模块化设计最为成熟的产品之一

通用垂直发射装置

舰载导弹已经成为现代驱逐舰执行防空、反舰和反潜的主要武器,早期的驱逐舰采用倾斜式准垂直发射。随着技术的进步,导弹垂直发射装置以发射率高、载弹量大、发射盲区少、通用性强等优点逐步成为驱逐舰发射舰载导弹最主要的装置,目前已成为各国海军驱逐舰的标准配置。

未来驱逐舰的垂直发射装置将在当前的基础上继续向通用化的方向发展,各国根据自身需要对垂直发射系统进行改进,使其可以兼容更多类型的导弹。如美国朱姆沃尔特级驱逐舰装备了全新的MK-57导弹垂直发射系统,其发射单元的截面积比MK-41扩大了约1.8倍,可发射威力更强的大直径岸基反导导弹。中国旅洋Ⅲ级驱逐舰和刃海级驱逐舰上已经配备了新型导弹垂直发射装置。

> 图266 美国MK-41导弹垂直发射装置

高能武器

随着综合电力推进技术在驱逐舰上的应用,使高能武器上舰成为可能,且呈现出未来驱逐舰武器发展的必然趋势。目前高能武器主要有激光武器、微波武器、电磁炮、粒子武器等,未来战场上这些革命性的武器将会大显身手。

在高能武器中,利用粒子以光速对目标进行照射,不但提高了命中速度和精确度,而且毁伤能量巨大,成为损伤或摧毁目标的重要武器。其中激光武器和微波武器目前有了不小的发展,如美国"劳斯"舰载激光近程防御系统和MK-38舰载战术激光武器系统,但由于其功率有限,只能拦截近距离目标,并不能完全替代舰炮和防空导弹。

> 图267 美国海军"劳斯"舰载激光近程防御系统

此外，采用电磁原理，利用磁力将炮弹发射出去的电磁炮也是目前发展较快的高能武器。虽然目前还没有完全实用化，但是电磁炮具有炮弹速度快、射程远、突防能力强、威力大、炮弹体积小、炮弹重量轻、隐蔽性好、成本低、稳定性高等众多优点，各国都在加紧对电磁炮的研究和试验，相信在不久的将来电磁炮会越来越多地出现在各国的驱逐舰上。

> 图268　美国海军MK-38舰载战术激光武器系统（MK-38-TLS）

> 图269　美国水面舰船装备激光武器作战想象图

参考文献

1. HIS Jane's Fighting Ships 2017—2018.
2. 张福将,张慧.中国海军百科全书.北京:海潮出版社,1998.
3. 朱英富,张国良.舰船隐身技术.哈尔滨:哈尔滨工程大学出版社,2012.
4. 宋博,熊伟,严晓峰.绘军事——中华战舰.北京:科学普及出版社,2019.
5. 《现代舰船》杂志社.人民海军舰艇全谱(1949—2017).2018.
6. 黎东东.中国海军的导弹驱逐舰.现代舰船,1992(8):12-16.
7. 张广厂.中国海军的旅大级导弹驱逐舰.现代舰船,1994(7):46-47.
8. 华绍曾.砥柱中流驱逐舰.现代舰船,1999(4):21-24.
9. 冰山.中国海军"中华神盾".现代舰船,2003(7):46.
10. 泽元.旅大级对中国海军的意义和影响.现代舰船,2005(1):16-23.
11. 马会锋,米晋国,尹相峰.由近海走向深蓝——追寻人民海军第一支驱逐舰部队50年的光辉历程.现代舰船,2004(10):4-12.
12. 龙啸.渐进的革命——从"旅大"到"旅沪".现代舰船,2005(3):10-18.
13. 挥戈.浅谈167舰对中国海军的意义和影响.现代舰船,2005(2):6-13.
14. 查春明.中国海军舰艇编队出访欧洲纪实.现代舰船,2007(12):12-16.
15. 王海涛.人民海军向前进.现代舰船,2002(10):10-11.
16. 钧石.052型导弹驱逐舰的建造与服役.现代舰船,2003(12):16-21.
17. 郑矛.国产驱护舰的划代及标志性驱护舰之我见.现代舰船,2014(4):30-33.
18. 黑胖.052D型驱逐舰及后续型号性能简析与展望.现代舰船,2013(11):22-25.
19. 苏明,邱贞玮.循序渐进不断跃升.舰船知识,2017(9):62-67.
20. 刘冰.从千吨到万吨的三大跨越.舰船知识,2017(9):68-75.
21. 黄家福.万吨级驱逐舰的使命任务.舰船知识,2017(9):76-82.
22. 罗伦士.中国海军的亚丁湾反海盗行动(上).现代舰船,2014(5):22-29.
23. 罗伦士.中国海军的亚丁湾反海盗

行动（下）.现代舰船，2014（6）：22-28.

24. 徐辉.956型驱逐舰性能评估.现代舰船，2015（1）：40-49.

25. 钱坤，张恩东，董玮.美国驱逐舰全史1959—2014.北京：中国长安出版社，2015.

26. 刘杨.英国驱逐舰全史1919—2014.北京：中国长安出版社，2015.

27. 陆乐.苏俄驱逐舰全史1947—2014.北京：中国长安出版社，2014.

28. 潘越.日本驱逐舰全史.北京：中国长安出版社，2014.

29. 詹姆斯·布萨特，胡锦洋.解读中国海军新驱的进步.现代舰船，2014（6）：32-36.

30. 中国舰艇封闭式桅杆的发展.现代舰船，2014（6）：37-40.

31. 徐辉.051B/C型驱逐舰发展历程的回顾与思考.现代舰船，2013（11）：22-27.

32. 黄凯辉.2016年世界海军装备技术发展综述.现代舰船，2017（1）：80-89.

33. 各国舰艇防空武器系统探秘.现代舰船，2016（10）：61-67.

34. 中美主战舰艇对位PK（052D VS 阿利·伯克）.现代舰船，2016（5）：26-77.

35. 中国海军50年.现代舰船，1999（4）.

后 记

新中国成立以来，我国舰船与海洋工程装备从小到大，由弱变强，实现了跨越式发展，为捍卫我国海疆和保障国民经济的发展作出了巨大贡献。为了使广大青少年和公众读者了解到我国舰船研制的艰难历程和取得的成就，中国船舶及海洋工程设计研究院、上海市船舶与海洋工程学会、上海交通大学及上海科学技术出版社密切携手，编纂出版"国之重器——舰船科普丛书"，向中华人民共和国建国70周年献礼。

此套丛书编写得到曾恒一院士、潘镜芙院士以及80多位新老科学家的响应和支持，为其顺利出版奠定了基础。丛书编纂中，注重原创，努力将科学性、权威性、严谨性贯穿始终，把技术性、知识性、趣味性融于一体，把舰与船的专业知识从学术殿堂驶达青少年和公众读者的心田。

上海市船舶与海洋工程学会理事长邢文华、中国船舶及海洋工程设计研究院党委书记卢霖、江南造船（集团）有限责任公司董事长林鸥、沪东中华造船（集团）有限公司纪委书记胡敬东等领导对这套丛书的编撰出版予以多方支持和鼓励，并明确指示：该丛书的编撰是一项系统工程，要求高、时间紧、工作量大，要发挥科技人员的参与意识和普及"国之重器"科学知识的积极性，努力把丛书编好，使它成为一部向广大青少年和公众读者科学普及舰船知识，弘扬海洋文化，开展国防教育的好丛书。

100多位从事舰船及海洋工程科研、设计、建造的专家和老、中、青三代科技工作者参与了丛书的编写。撰写者大多是肩负科研任务的一线科研工作者，只能利用业余时间进行编写；他们不是专业的科普作者，但要完成从建造者到教育者、从设计员到讲解员的角色转换；学术著作可以精尖高深，科普文章却要浅显易懂，要像对学生上课一样，心口相传，绘声绘色，这对他们而言绝非易事。但面对困难，他们不曾退缩。在大家的心中，参与丛书编撰不仅是对投身舰船科研、设计、建造实践的重塑，更是为了中国造船事业后继有人、薪火相传。从领受编撰任务的那一天起，他们酝酿推敲、遴选谋篇、不辞辛劳、不舍昼夜，把对科学的爱、对祖国的情凝练成书香墨宝。

历经2年，这部丛书终于与读者见面了。丛书的编撰得到众多单位支持，并成立丛书专家委员会，严格遵循资料汇

总、提纲拟制、内容撰写、审查把关、全稿统筹的编纂规律,先后多次召开书稿初审会、复审会和终审会,确保内容准确、权威。

因此,"国之重器——舰船科普丛书"具有以下特点:

一是广泛性。丛书涵盖了当今世界主要舰(船)种,内容包括舰船的诞生、发展历程、关键系统设备和发展前景等,是目前已出版舰船科普丛书中较齐全、较系统的一套科普丛书。

二是原创性。目前市场上有关舰船方面的科普图书屡见不鲜,但引进的多,原创的少,而这套丛书立足于国内舰船研制历程,经过精心策划,历经2年的努力原创而成。

三是权威性。丛书由中国船舶及海洋工程设计研究院、上海市船舶与海洋工程学会和上海交通大学主编,联合江南造船(集团)有限责任公司、沪东中华造船(集团)有限公司、上海外高桥造船有限公司、中国海洋石油集团有限公司等单位,还成立了由曾恒一院士、潘镜芙院士领衔的专家委员会对丛书内容进行专业技术上的把关,保证了此书的科学性和权威性。

四是充满情怀。习近平总书记指出:科技创新、科学普及是实现国家创新发展的两翼,要把科学普及放在与科技创新同等重要的位置。丛书正是基于这一精神向全民,特别是青少年介绍舰船科技知识,弘扬科学精神,传播科学思想和科学方法,激发爱国热情,使全民关心、热爱、支持国防建设和舰船事业的发展,为实现强军梦、强国梦尽一份心力。

五是集体创作。老、中、青100多位科技工作者参加丛书编撰,每分册从提纲到初稿、定稿,均经众人讨论、修改,所以说丛书是集体创作的成果。

丛书编写过程中参考了一些书籍和报刊,引用了一些观点和图片,在此表示诚挚的谢意。

在丛书出版发行之际,向各位专家、全体编撰人员,以及关心、支持丛书编撰出版的有关单位和个人表示崇高的敬意。

对于书中不妥之处,希望广大读者予以指正。

张　毅

2018年8月

国之重器——舰船科普丛书 出版工作委员会

- **主 任**
  温泽远

- **副主任**
  魏晓峰

- **执行主任**
  侯培东

- **策划编辑**
  楼玲玲　陈　立　潘慧中　陈晏平

- **编辑人员（以姓氏笔画为序）**
  王　辉　朱永刚　杨　燕　李　艳　李宏瑞　沈晓平　张　帆　张钰琼　陈　立　陈　晨
  陈晏平　姚晨辉　高军晓　高爱华　黄丽芬　楼玲玲　潘慧中

- **美术编辑**
  赵　军　潘慧中

- **技术编辑**
  张志建　吕　伟　陈美生　王晓颖　王永容

- **责任校对**
  朱　虹　陈敏芳　卢文斌　李瑶君　翟　红

- **发行推广**
  罗小林　李　旻　杨　淦　朱旖旎　李宏瑞　陈　立　潘慧中　陈美生

- **特约顾问**
  田小川　李维靖

本书内容由中国船舶及海洋工程设计研究院审定。本书所使用的图片由中国船舶及海洋工程设计研究院、上海市船舶与海洋工程学会、上海交通大学、江南造船（集团）有限责任公司、沪东中华造船（集团）有限公司、上海外高桥造船有限公司、中国海洋石油集团有限公司、中船重工第七一四研究所、少年儿童出版社等提供。

特别说明：本书中可能存在未能联系到版权所有者的图片，请见书后与上海科学技术出版社联系。